KB184570

초등학생이 꼭 알아야 할

우주에서 본 지구

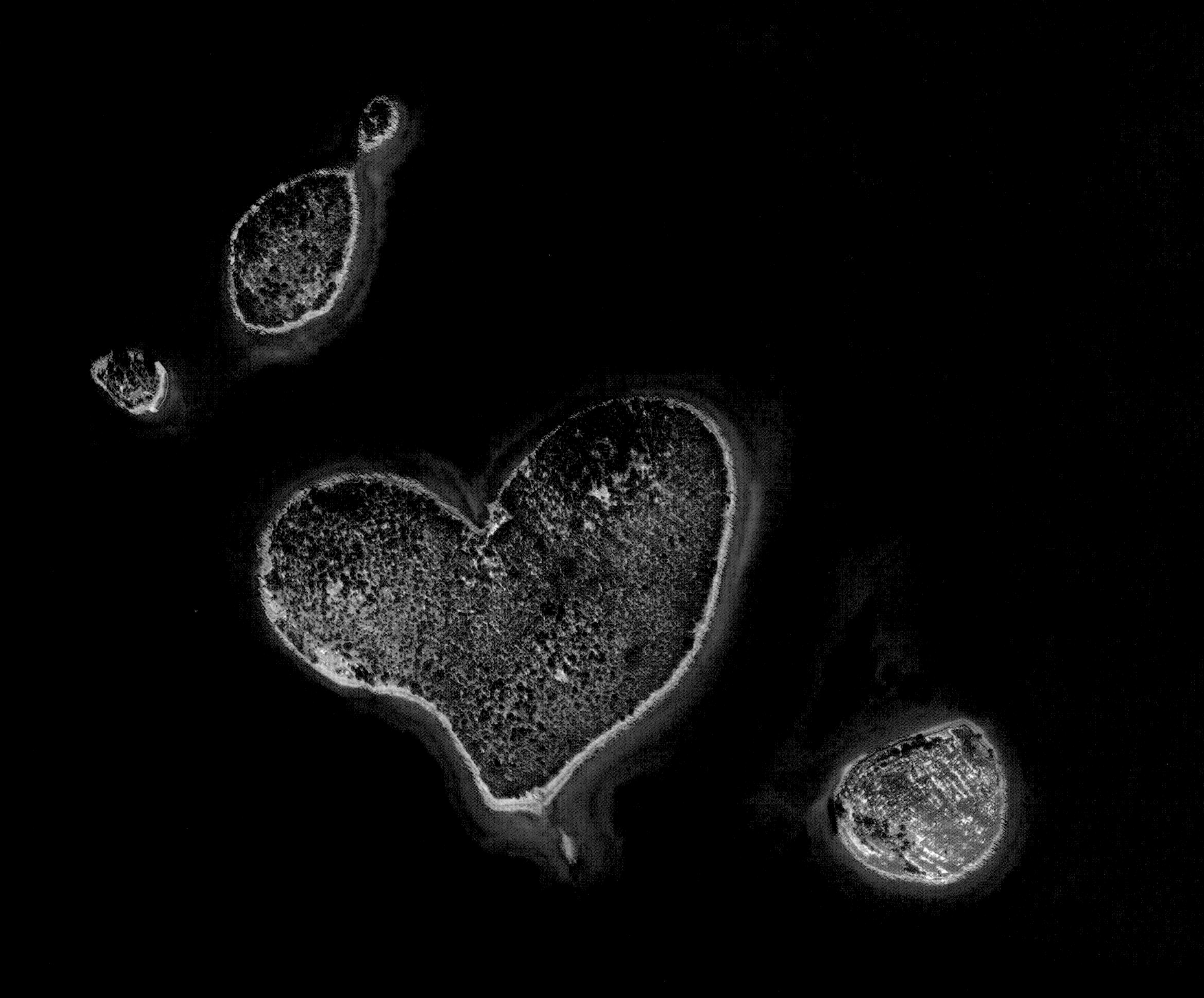

초등학생이 꼭 알아야 할

우주에서 본 지구

미래가 보이는 과학 백과사전

벤저민 그랜트 외 지음
박은진 옮김

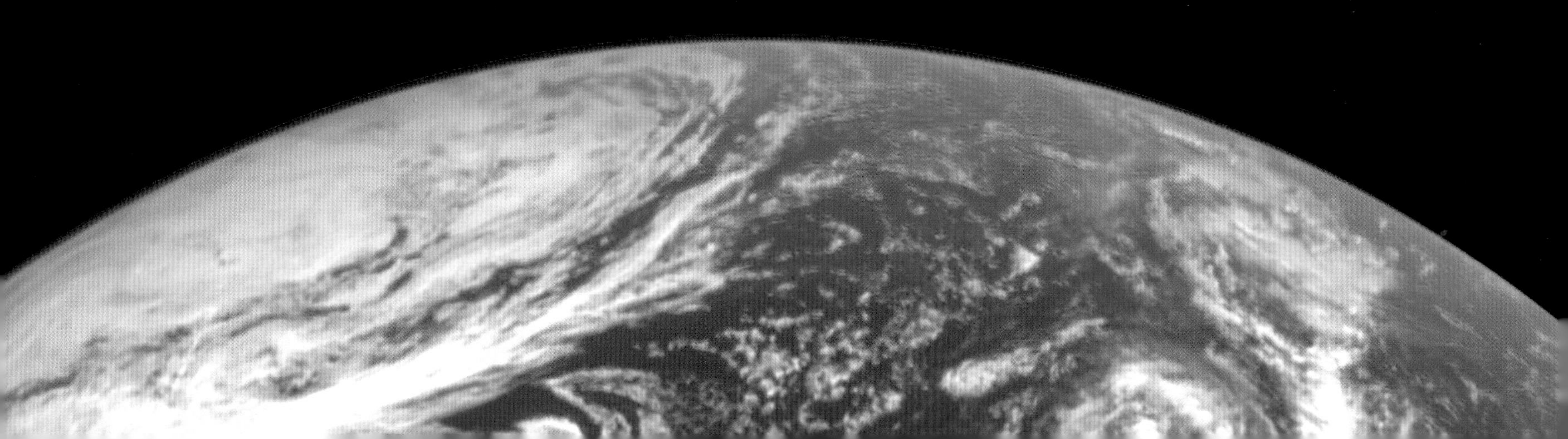

OVERVIEW, YOUNG EXPLORER'S EDITION by Benjamin Grant, Sandra Markle

This Korean edition was published by DARUN Publisher in 2025 by arrangement with Random House Children's Books, a division of Penguin Random House LLC through KCC(Korea Copyright Center Inc.), Seoul.

차례

추천하는 글

오버뷰 효과
은퇴한 미국 항공우주국의 우주 비행사, 스콧 켈리

우주에서 처음 지구를 봤을 때, 이 세상 그 무엇도 지구보다 아름다울 수 없다고 느꼈어요. 저는 1999년에 허블 우주 망원경으로 첫 우주 비행을 떠났어요. 그 이후로도 우주에 세 번 더 다녀오는 영광을 누렸어요. 가장 최근에는 국제 우주 정거장에서 꼬박 1년을 머물며 임무를 수행했답니다!

우주에서 본 지구는 나라와 지역을 나누는 경계선 없이 그저 평화로운 곳처럼 보여요. 우주 비행사들이 우주에서 지구를 보면, 지구는 원래 이런 모습이어야 한다는 느낌을 받지요. 모든 인류가 하나의 공동체에 속해 있으며 결국 모두가 이어져 있는 것 같아요. 이렇게 우주 비행사들이 우주에서 지구를 바라볼 때 일어나는 마음의 변화를 '오버뷰 효과'라고 해요. 지구, 인류, 자연환경에 대한 특별한 감정과 깨달음이 우주 비행사들의 삶에 깊이 새겨져 가치관에 평생 영향을 끼친답니다.

이 책에 실린 위성 사진을 살펴보면 아마 평소에 보지 못한 지구의 아름다움에 넋을 빼앗길 거예요. 눈앞에 펼쳐지는 장엄한 광경이 새로운 시각을 열어 줄 겁니다. 여러분도 우주 비행사처럼 지구의 소중함, 모든 인류가 하나라는 유대감, 환경에 대한 책임감을 오롯이 느끼길 바랍니다.

← 지구돋이

1968년, 아폴로 8호의 우주 비행사들이 인류 최초로 지구 궤도를 완전히 벗어났어요. 아폴로 8호는 달 표면에 직접 착륙하지 않았지만 미래에 탐사 임무를 수행할 우주선들이 달에 안전하게 내려앉을 장소를 알아보려고 달 궤도를 따라 빙글빙글 돌았지요. 크리스마스이브에, 아폴로 8호가 달의 뒷면을 지나가는 동안 우주 비행사 빌 앤더스는 역사상 아주 중요한 사진으로 손꼽히는 '지구돋이'를 찍었어요. 우주에서든 지구에서든 그전까지는 누구도 우주에 공처럼 떠 있는 지구의 전체 모습을 본 적이 없었어요. 이 경험은 우리가 지구를 바라보는 시각을 완전히 바꾸어 놓았지요. 훗날 빌 앤더스는 이렇게 말했어요.
"예상을 뒤엎는 일이었죠. 우리는 달을 발견하러 왔는데 오히려 지구를 새롭게 발견했으니까요."

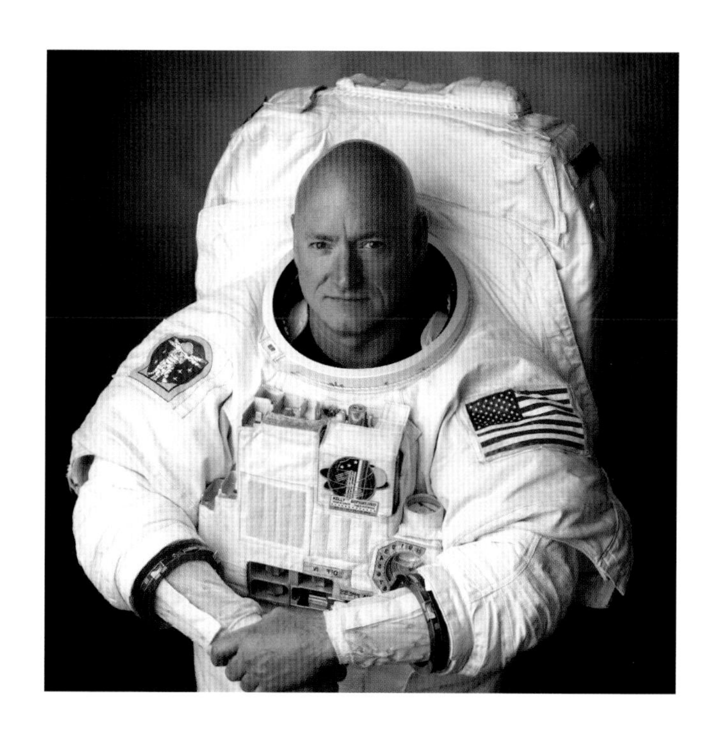

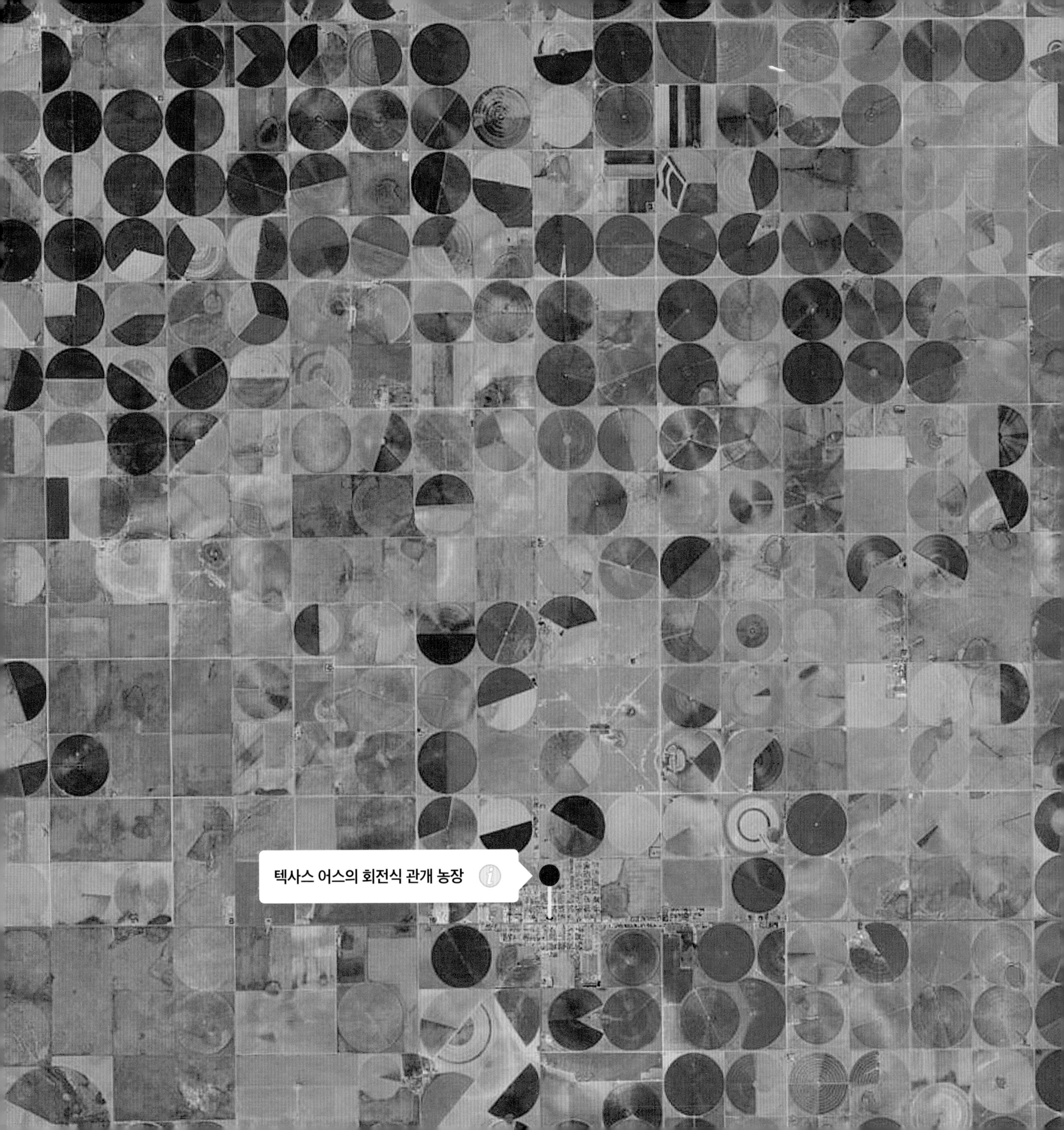
텍사스 어스의 회전식 관개 농장

들어가는 글

끊임없이 탐구하고 새로운 것을 찾으려는 마음가짐

저는 열 살 때, 학교에서 지도를 보며 공부하는 게 제일 재미있었어요. 제가 푹 빠졌던 지리학뿐만 아니라 제 관심이 닿은 주제마다 즐겁게 배우고 열심히 탐구하도록 격려해 준 선생님들과 부모님께 정말 감사드려요. 감사하게도 부모님은 지금도 변함없이 그런 열정과 자세를 응원해 주신답니다. 부모님 덕분에 늘 새로운 것을 발견하고 깊이 파고들어 알아 가는 과정이 얼마나 중요한지 깨달았어요.

그러니 제가 첫 직장에서 우주 클럽을 만든 게 특별히 놀랍지 않을 거예요. 우주 클럽은 사람들이 모여서 우주의 중요성을 주제로 이야기하는 자리였지요. 우주 클럽에서 발표할 내용을 준비하다가 발견한 것을 계기로, 데일리 오버뷰 프로젝트와 관련 인스타그램 계정 그리고 이 책이 세상에 나온 거예요. 당시 저는 인공위성이 우리 일상에 어떤 영향을 미치는지 보여 주고 싶어서 이 주제를 탐구했어요. 그러던 중 지도 프로그램에 '지구(Earth)'를 입력하면 지구 전체가 축소되어 화면에 나오는지 보려고 했지요. 그런데 뜻밖에도 특정 장소가 확대되어 나타났지 뭐예요. 지도에 나타난 곳은 바로 미국 텍사스주의 어스(Earth)라는 작은 마을이었답니다! 눈앞의 광경에 정말이지 깜짝 놀랐어요.

반듯한 동그라미가 컴퓨터 화면을 가득 채웠어요. 수백 개가 넘었지요. 태어나서 처음 본 광경이었어요. 2쪽에 실린 사진이 그때 발견한 장면이에요. 화면에 나타난 모습은 현대미술관에 걸린 작품처럼 보였지요. 공교롭게도 현대미술관은 새로운 것을 발견하고 탐구할 때 제가 즐겨 찾는 곳이랍니다.

화면을 가득 채운 동그라미는 회전식 관개 농장이라는 걸 알아냈어요. 미국 중부에서 흔히 사용하는 농업 방식으로, 스프링클러가 원을 그리며 농작물에 물을 뿌리는 시스템이지요. 이 어스라는 마을을 발견한 덕분에, 지구를 색다른 관점으로 탐험하고 싶은 열정에 불이 붙었답니다.

운 좋게도 2016년에 《오버뷰(Overview)》라는 책을 쓸 기회를 얻어 출간까지 했어요. 그 책을 바탕으로 이번에 어린이 눈높이에 맞춘 책을 만들어 냈습니다. 어린이 과학 작가인 샌드라 마클의 도움을 받아 누구나 내용을 쉽게 이해하고 오버뷰 효과를 경험할 수 있게 글을 다듬었어요.

무엇보다 이 책을 읽으며 지구를 평소와 다르게 바라보는 기회를 얻길 바라요. 관점을 달리하면 생각과 태도가 변해요. 그래야 세상을 더 넓고 깊게 이해한답니다. 우리가 힘을 합쳐 노력하고 이 책에서 얻은 지식을 지혜롭게 활용하면, 하나뿐인 삶의 터전인 지구를 더 나은 미래로 이끌 수 있을 거예요.

벤저민 그랜트

덧붙이는 말 이 책을 세상에 나오게 한 놀라운 위성 기술이 궁금하다면 150쪽을 읽어 보세요.

PART 1

숨 막힐 듯 아름다운 지구

소수스블레이

소수스블레이는 나미비아에 있는 사막으로, 아프리카에서 가장 넓은 국립공원인 나미브 나우클루프트 국립공원 안에 펼쳐져 있어요. 이 사막에 있는 붉은 모래 언덕들은 세계적으로 높은 편에 속하는데, 198미터까지 솟아오른 언덕이 많아요. 모래 언덕은 바람에 따라 대부분 끊임없이 움직이고 높이도 바뀌지요. 그런데 이 사막에서 가장 큰 '빅 대디'라는 언덕은 거의 325미터에 이르는 높이를 유지하며 거대한 크기를 자랑한답니다.

CHAPTER 1

놀라움이 가득한 지구

지구 표면은 입이 떡 벌어질 만큼 놀라운 지형으로 뒤덮여 있어요. 여기에는 자연이 지닌 엄청난 힘과 아름다움이 오롯이 담겨 있답니다. 오랜 세월에 걸쳐 지구 표면의 위와 아래에서 수많은 힘이 작용해 근사한 자연경관을 만들었지요. 이 책에서는 그 놀랍고 신기한 광경을 한눈에 볼 수 있어요.

용암이 땅속 깊은 곳에서 밖으로 뿜어져 나오면 화산이 형성되지요. 이 과정에서 새로운 땅이 생기거나 원래 있던 땅이 넓어지기도 해요. 지각을 이루는 지각판들이 서로 부딪히면서 솟구쳐 올라 세계에서 가장 높은 히말라야 같은 거대한 산맥을 만들어 냈어요. 물은 수십 억 년 동안 땅을 차츰차츰 깎아 들어가 그랜드 캐니언 같은 깊은 골짜기를 형성했지요. 물줄기가 흐르고 흘러 땅을 깎아 내리면서 빅토리아 폭포 같은 장엄한 폭포도 만들었답니다.

이처럼 빼어난 자연경관은 대부분 규모가 엄청나게 커서 우주에서도 보여요. 그중에서도 호주 해안을 따라 형성된 산호초인 그레이트 배리어 리프는 지구를 형성하고 변화시키는 지질학적 힘으로 만들어진 것이 아니에요. 수많은 작은 산호들이 세대를 거듭하면서 켜켜이 쌓여 이루어졌지요. 자, 이제 지구에서 펼쳐지는 더할 나위 없이 멋진 광경을 우주에서 내려다보는 완전히 새로운 방식으로 마음껏 감상해 보아요!

나이아가라 폭포

해마다 천만 명이 훌쩍 넘는 사람들이 미국과 캐나다의 국경에 자리한 나이아가라 폭포를 찾는답니다. 관광객들은 그중 다음 사진에 나오는 말발굽 모양의 호스슈 폭포에도 빼놓지 않고 꼭 들러요.

이곳에선 낮에는 2리터짜리 물병 약 140만 개와 맞먹는 양의 물이 1초마다 천둥 같은 소리를 내며 세차게 쏟아져 내려요! 밤에는 물의 일부를 수력 발전소로 보내 약 200만 가구가 충분히 쓸 수 있는 전기를 만들지요.

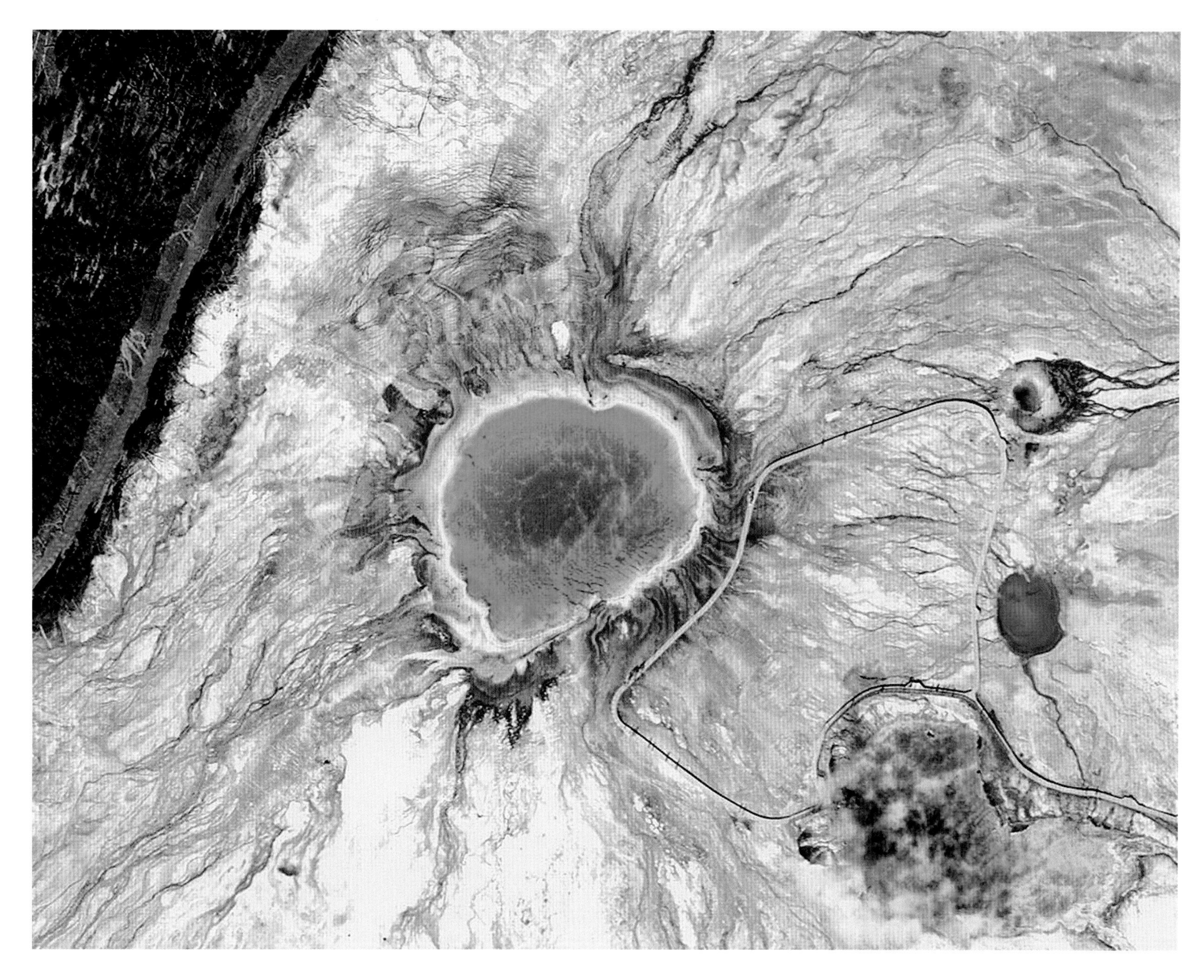

← 크레이터 호수

미국 오리건주의 크레이터 호수는 미국에서 가장 깊은 호수이자, 세계에서 아홉 번째로 깊은 호수예요. 깊이가 592미터인 데다 물이 워낙 맑고 투명해서 푸르디푸른 빛깔을 자아내지요. 이 호수는 고대 화산의 무너져 내린 분화구 안에서 생겼기 때문에 강물이 호수로 흘러 들어오지 않아요. 해마다 물이 증발해서 줄어들지만, 눈과 비가 내려 호수를 다시 채운답니다.

그랜드 프리즈매틱 온천 ↑

그랜드 프리즈매틱 온천은 옐로스톤 국립공원에서 가장 큰 온천으로, 와이오밍주, 몬태나주, 아이다호주까지 걸친 거대한 규모를 자랑해요. 온천물은 매우 뜨거워서 잘못하면 피부에 화상을 입을 수 있지요. 놀랍게도 이 펄펄 끓는 온도가 특정한 미생물(아주 작은 생명체)이 살아가기에 딱 알맞은 온도예요. 온천의 중심부가 가장 뜨거워 미생물이 거의 살지 않기 때문에 물이 맑고 짙은 푸른색을 띤답니다. 중심에서 바깥으로 갈수록 물이 점점 차가워져 물 온도에 따라 다양한 미생물이 살아요. 구역마다 다른 종류의 미생물이 사는 덕분에 이 온천은 다채로운 색을 나타내지요.

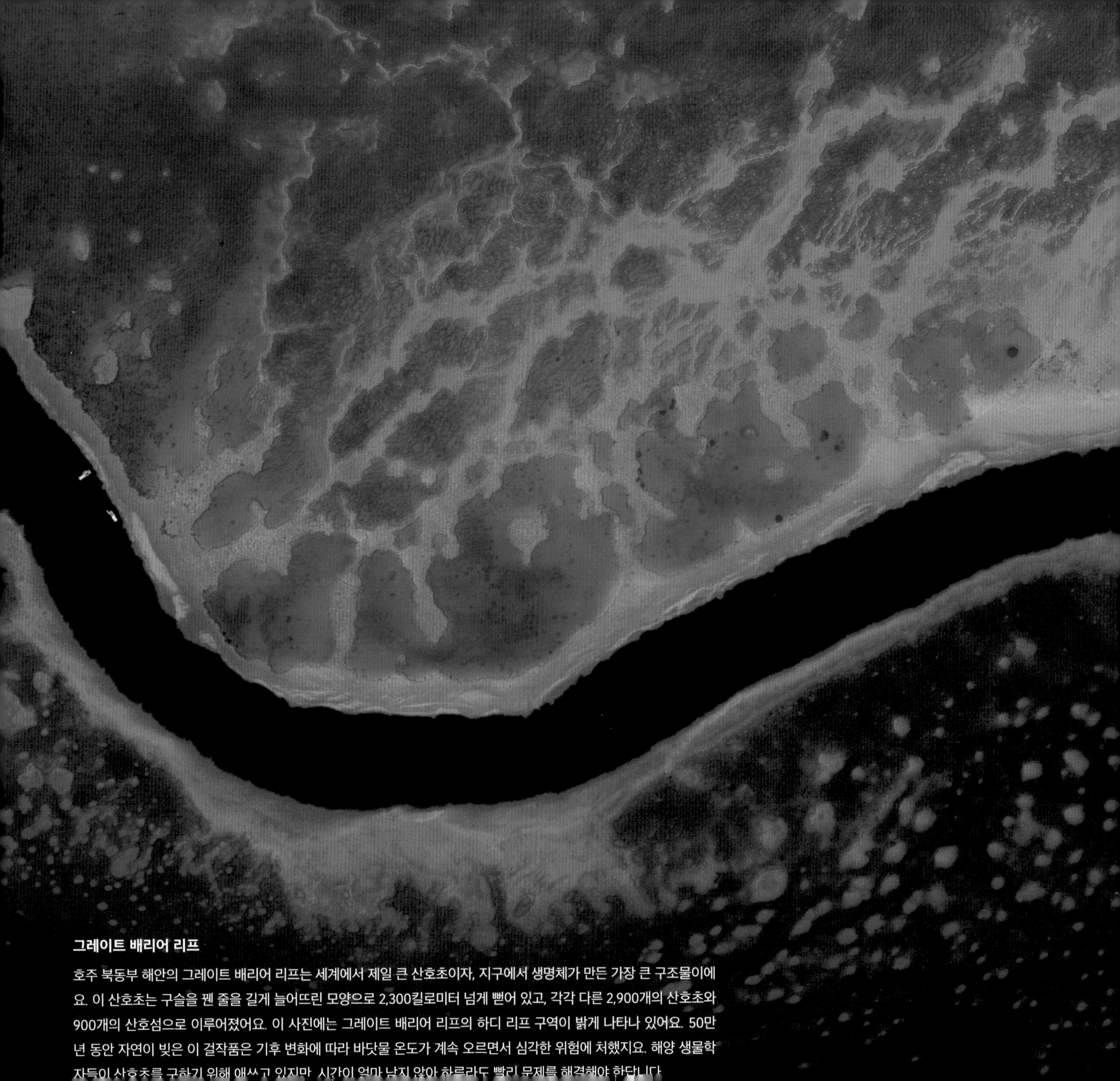

그레이트 배리어 리프

호주 북동부 해안의 그레이트 배리어 리프는 세계에서 제일 큰 산호초이자, 지구에서 생명체가 만든 가장 큰 구조물이에요. 이 산호초는 구슬을 꿴 줄을 길게 늘어뜨린 모양으로 2,300킬로미터 넘게 뻗어 있고, 각각 다른 2,900개의 산호초와 900개의 산호섬으로 이루어졌어요. 이 사진에는 그레이트 배리어 리프의 하디 리프 구역이 밝게 나타나 있어요. 50만 년 동안 자연이 빚은 이 걸작품은 기후 변화에 따라 바닷물 온도가 계속 오르면서 심각한 위험에 처했지요. 해양 생물학자들이 산호초를 구하기 위해 애쓰고 있지만, 시간이 얼마 남지 않아 하루라도 빨리 문제를 해결해야 한답니다.

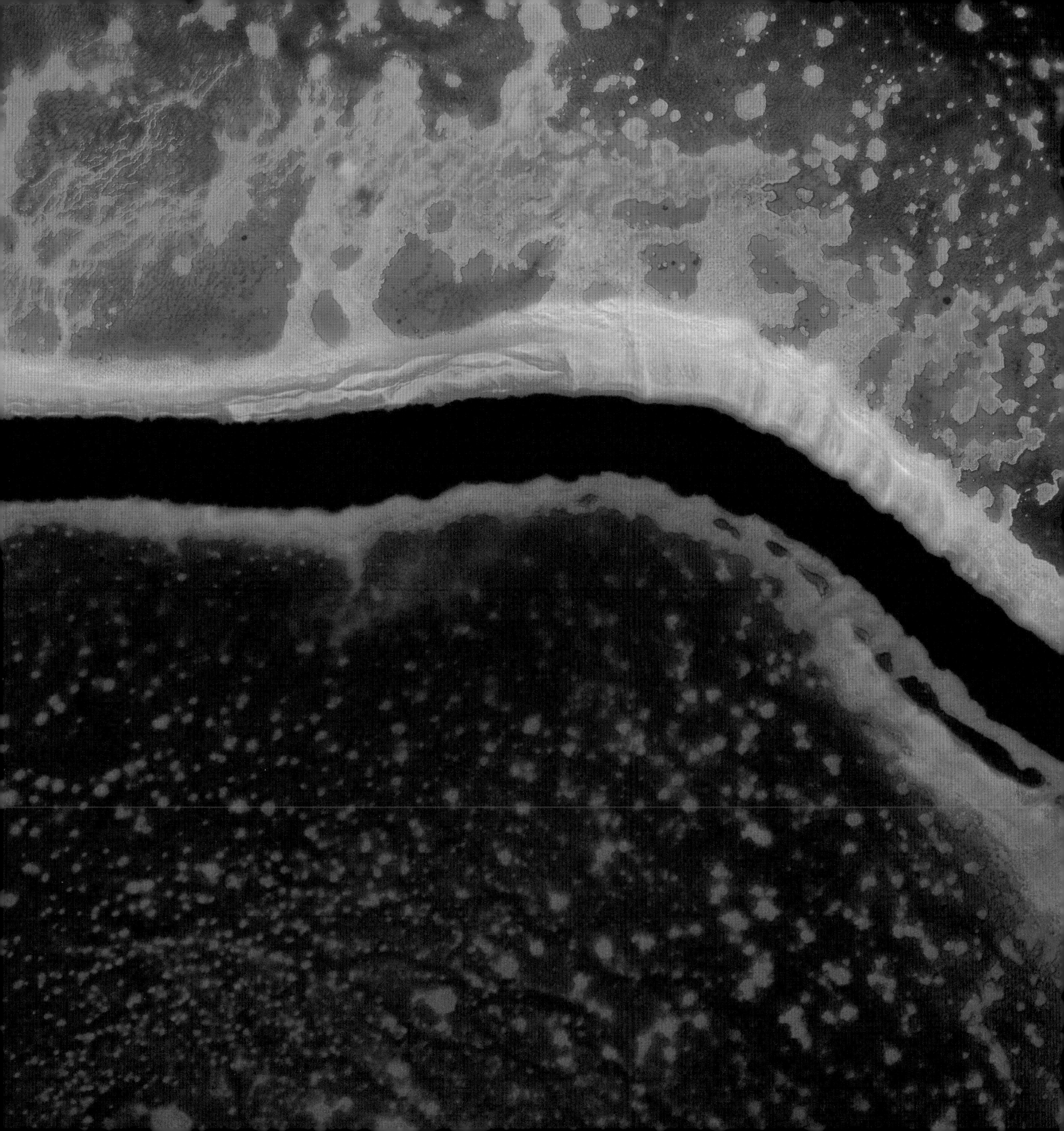

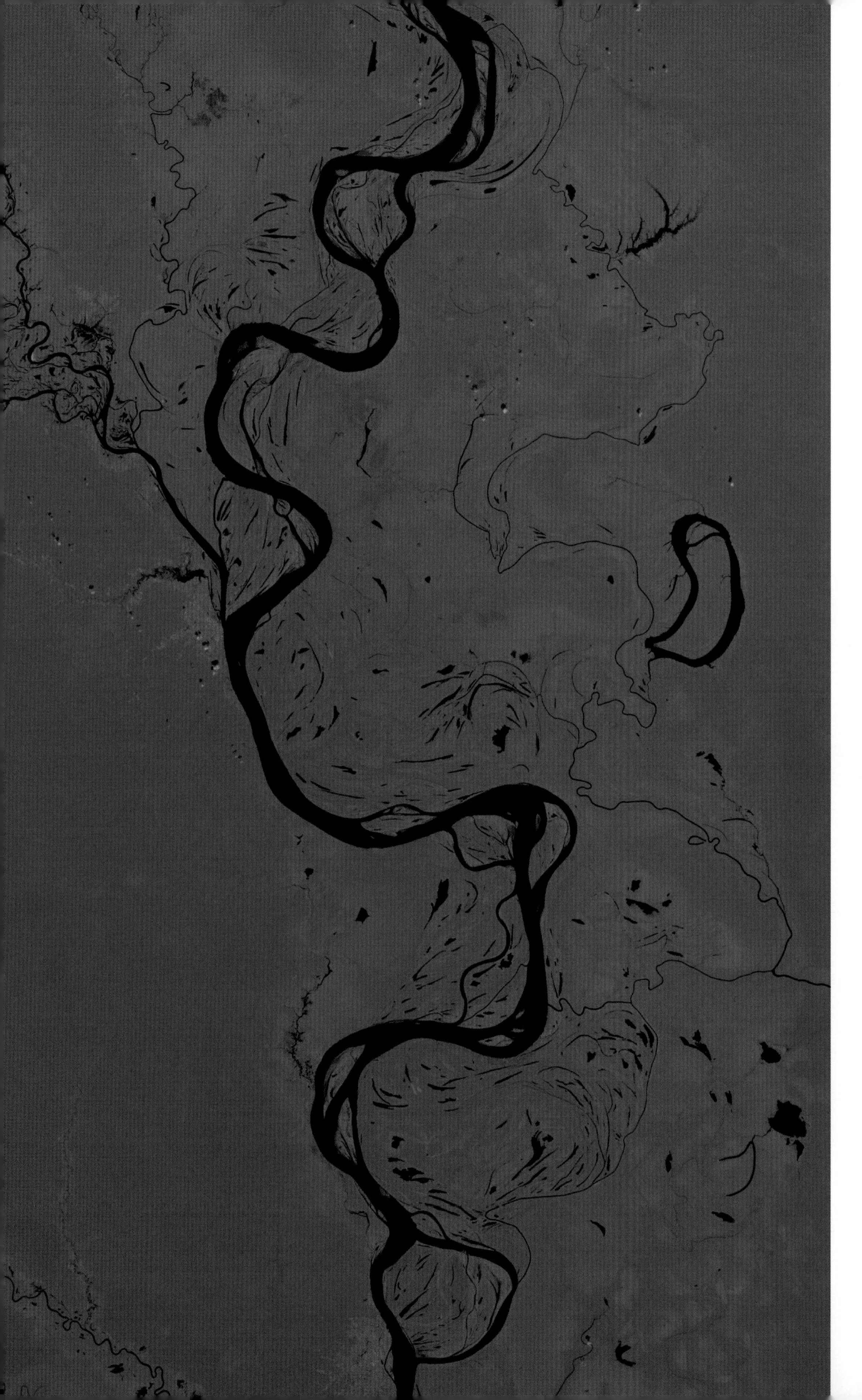

← 아마존강

아마존강은 남아메리카의 열대우림을 가로질러 약 6,400킬로미터를 흘러가요. 세계에서 가장 긴 나일강보다 약간 짧은 길이예요. 하지만 아마존강은 세계에서 가장 큰 강으로, 지구 표면을 따라 흐르는 모든 담수(소금이 없는 물)의 약 5분의 1을 실어 나르지요. 아마존강은 대서양으로 어마어마한 양의 담수를 흘려보내 해안에서 무려 160킬로미터 떨어진 곳까지 바닷물을 짜지 않게 한답니다.

빅토리아 폭포 →

너비 1,708미터, 높이 108미터인 빅토리아 폭포는 세계에서 가장 큰 폭포예요. 잠비아와 짐바브웨의 국경에 있는 이 폭포는 물 떨어지는 소리가 32킬로미터 이상 떨어진 곳에서도 들릴 정도로 아주 요란하답니다! 그뿐 아니라 물보라는 약 48킬로미터 밖에서도 볼 수 있지요. 그래서 현지인들은 빅토리아 폭포를 '천둥 치는 연기'라고 불러요.

히말라야산맥

히말라야는 세계에서 가장 높은 산맥으로, 해발 7,300미터 이상 우뚝 솟아오른 봉우리가 110개 이상 있어요. 이 눈 덮인 산맥에는 세계에서 가장 높은 에베레스트산이 있는데, 높이가 무려 8,850미터에 이르지요. 티베트와 인도의 국경을 이루는 히말라야산맥은 2,400킬로미터에 걸쳐 뻗어 있답니다.

(왼쪽 사진) 히말라야를 바로 위에서 내려다보면 산맥이 얼마나 높은지 가늠하기 어려워요. 하지만 땅에서 바라보면 하늘 높이 웅장하게 솟구친 모습에 감탄이 절로 나온답니다!

울루루

울루루는 호주의 노던테리토리에 있는 거대한 모래 바위로, '에어즈 록'이라고도 해요. 드넓고 평평한 땅 위에 우뚝 솟아 있지요. 6억 년 전쯤 생긴 이 바윗덩어리는 땅 위로 드러난 높이가 348미터, 둘레가 9.7킬로미터예요. 그리고 마치 빙산처럼 땅속으로도 무려 3.2킬로미터 더 뻗어 있어요. 울루루는 1만 년 전, 이 지역에 처음 살기 시작한 원주민들에게 매우 신성한 장소였답니다.

후지산

후지산은 일본에서 제일 높은 산으로, 해발 3,776미터예요. 산꼭대기에 폭이 약 488미터에 이르는 분화구가 있는 활화산인데, 언제든 폭발할 가능성이 있지요. 하지만 1707년부터 300년 넘게 한 번도 화산활동을 하지 않아서 폭발할 확률이 낮다고 해요. 해마다 후지산을 찾는 수십만 명의 사람들이 마음 놓고 꼭대기까지 등산해도 된다는 이야기예요!

그랜드 캐니언

미국 애리조나주에 있는 그랜드 캐니언은 지구에서 숨이 멎을 만큼 아름다운 대자연으로 손꼽혀요. 위성이 땅을 비스듬히 바라보면서 찍은 이 사진을 보면, 그랜드 캐니언이 얼마나 깊디깊은 협곡인지 알 수 있지요. 평균 깊이는 1.6킬로미터, 너비는 16킬로미터에 이르러요. 콜로라도강이 깎아 만든 이 거대한 협곡은 오랜 세월에 걸쳐 엄청난 양의 암석을 깎아 낸 물의 힘을 고스란히 보여 줘요. 과학자들이 그랜드 캐니언 바닥에서 아주 오래된 암석을 발견했는데, 암석의 나이가 무려 20억 년이 넘어요. 이 암석은 지구에서 어마어마하게 나이가 많은 암석에 속한답니다.

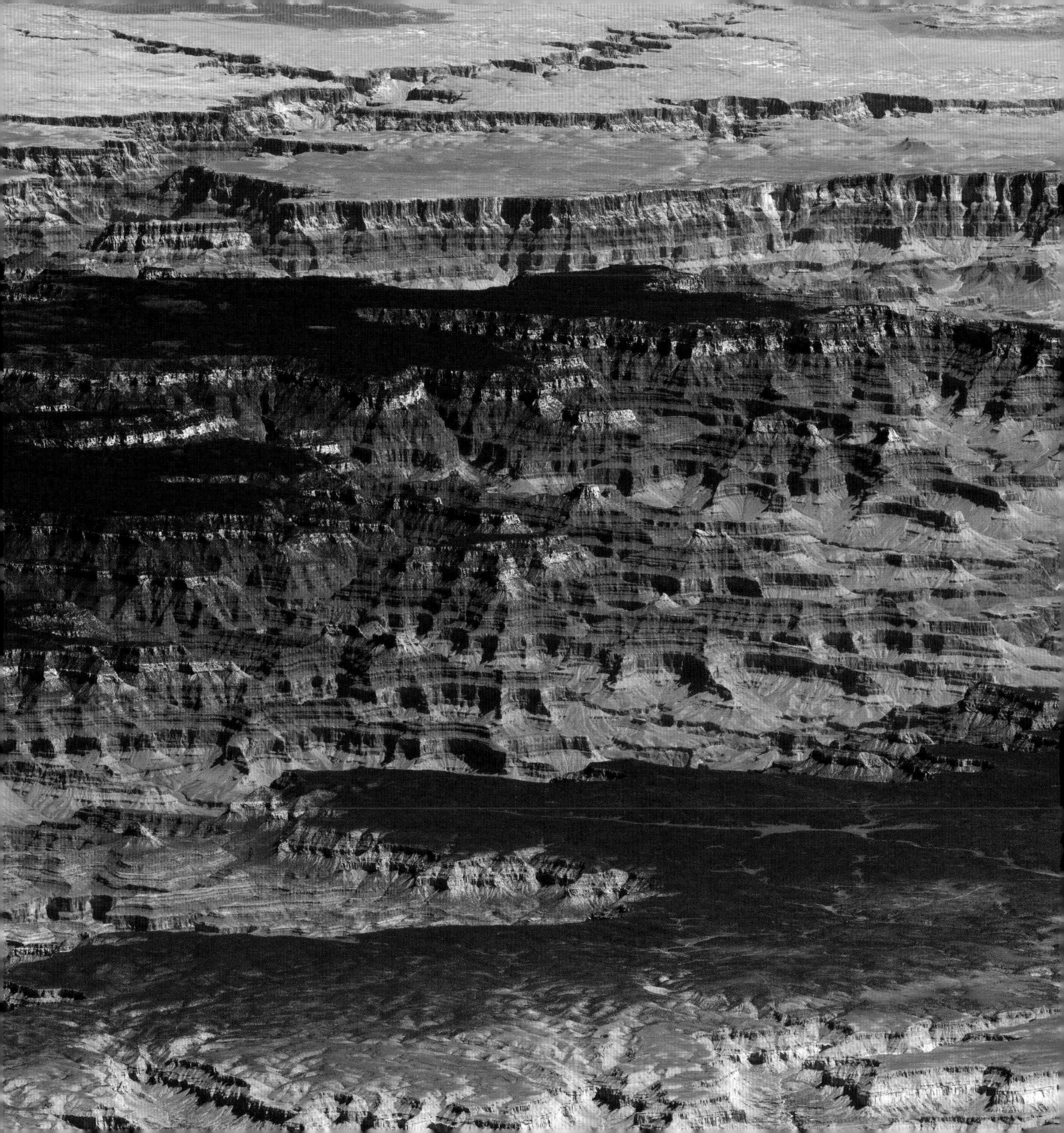

지구의 대기

지구의 대기는 산소, 질소, 수증기(기체 상태의 물)로 이루어진 기체층이에요. 국제 우주 정거장에서 우주 비행사가 찍은 이 사진에서 볼 수 있듯이, 대기는 지구를 빙 둘러싸고 있어요. 지구에 사는 모든 생명체가 대기를 함께 사용하고, 대기 없이 살 수 없어요. 우주 비행사인 조지 '핑키' 넬슨이 대기의 두께를 이렇게 빗대어 말했지요. "지구를 원으로 그린다면, 원을 그린 선보다 대기가 더 얇아요." 대기가 이토록 얇으니 공장에서 내뿜는 매연과 그 밖의 오염 물질이 대기에 끼치는 영향은 어마어마할 수 있답니다. 그 양이 적다고 해도 말이에요.

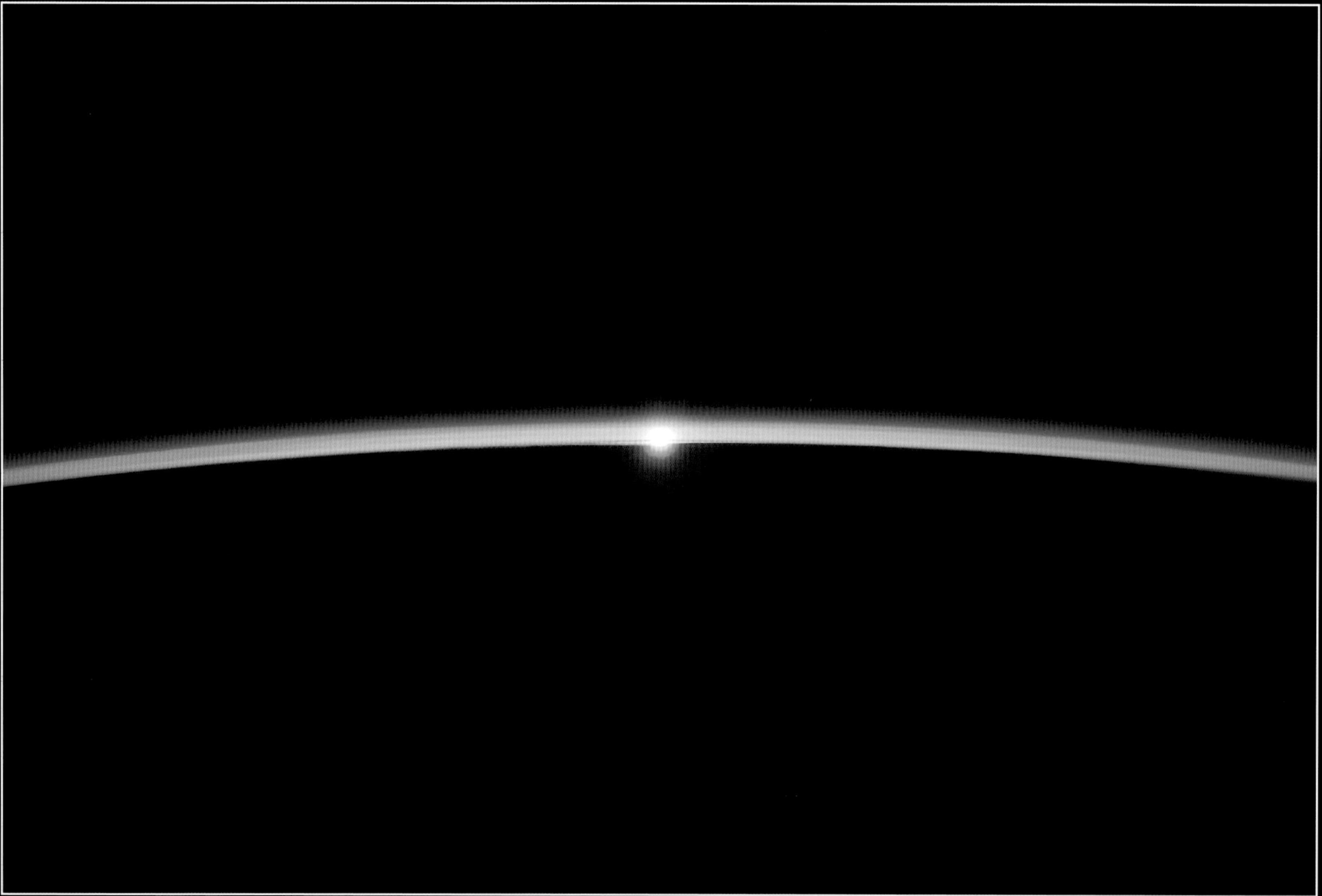

오로라

오로라는 북반구에서 오로라 보레알리스(북극광), 남반구에서 오로라 오스트랄리스(남극광)이라고 불러요. 이름은 달라도 둘 다 같은 원인으로 생겨난 빛이에요. 태양에서 전하를 띤 입자들이 뿜어져 나와 우주 공간을 가로질러 지구로 쏟아져 들어오는데, 이때 대기와 부딪혀 빛을 내는 현상이 바로 오로라예요. 이 빛이 대기를 통해 넓게 퍼지면서 하늘에 오로라가 나타나지요. 오로라는 언제든 생길 수 있지만, 어두운 밤이나 캄캄한 우주에서만 볼 수 있어요. 이 사진은 국제 우주 정거장에서 찍은 거랍니다!

CHAPTER 2

생생히 살아 숨 쉬는 행성

지구는 약 45억 년 전에 태어났고, 살아 있는 생명체처럼 지금까지 줄곧 변하고 있어요. 때로는 갑작스럽고 빠른 변화가 생기기도 해요. 용암이 터져 나와 화산을 만들거나 강력한 지진이 일어나 땅을 크게 움직이고 땅 모양을 완전히 바꿔 놓을 때도 있지요. 반대로 시간이 흐르면서 아주 천천히 변하기도 해요. 바람은 사막에서 거대한 모래 언덕을 쌓아 올리는데, 날마다 언덕의 모양을 계속 바꿔요. 구름은 끊임없이 생겼다가 사라지면서 날씨에 중요한 역할을 하고 식물이 자랄 수 있게 비를 내려줘요. 파도가 끝없이 해안으로 밀려오거나 강물이 흐르면서 주변 땅을 깎아 내어 물이 지구의 표면을 달라지게 하기도 해요.

우주에서는 추운 지역의 물이 꽁꽁 얼어 빙하가 되는 모습을 볼 수 있어요. 이 빙하가 시간이 지남에 따라 커지기도 하고 녹아내리기도 하지요. 인공위성 카메라와 우주 비행사가 찍은 사진 덕분에 우리는 자연 현상이 서로 연결된 모습을 한눈에 볼 수 있어요. 그래서 마치 지구가 살아 숨 쉬는 것처럼 보여요. 자연의 어떤 힘이 지구에 작용하든, 지구 표면은 항상 변하고 있답니다.

에버글레이즈

에버글레이즈는 미국에서 가장 큰 열대 야생지예요. 플로리다주 남쪽에 드넓게 펼쳐진 에버글레이즈는 크기가 약 6,000제곱킬로미터로, 서울의 10배나 된답니다. 작은 변화에도 손상되기 쉬운 이 지역의 생태계를 보호하기 위해 에버글레이즈는 1947년에 국립공원으로 지정되었어요. 퇴적물이 가득해 갈색과 주황색을 띤 에버글레이즈의 물길이 싱그러운 초록빛 맹그로브 숲 사이를 흘러요. 이곳에는 미국악어와 매너티(바다소의 일종) 등 멸종할 위험이 있는 동물과 특별히 보호해야 할 동물 36종이 살고 있어요.

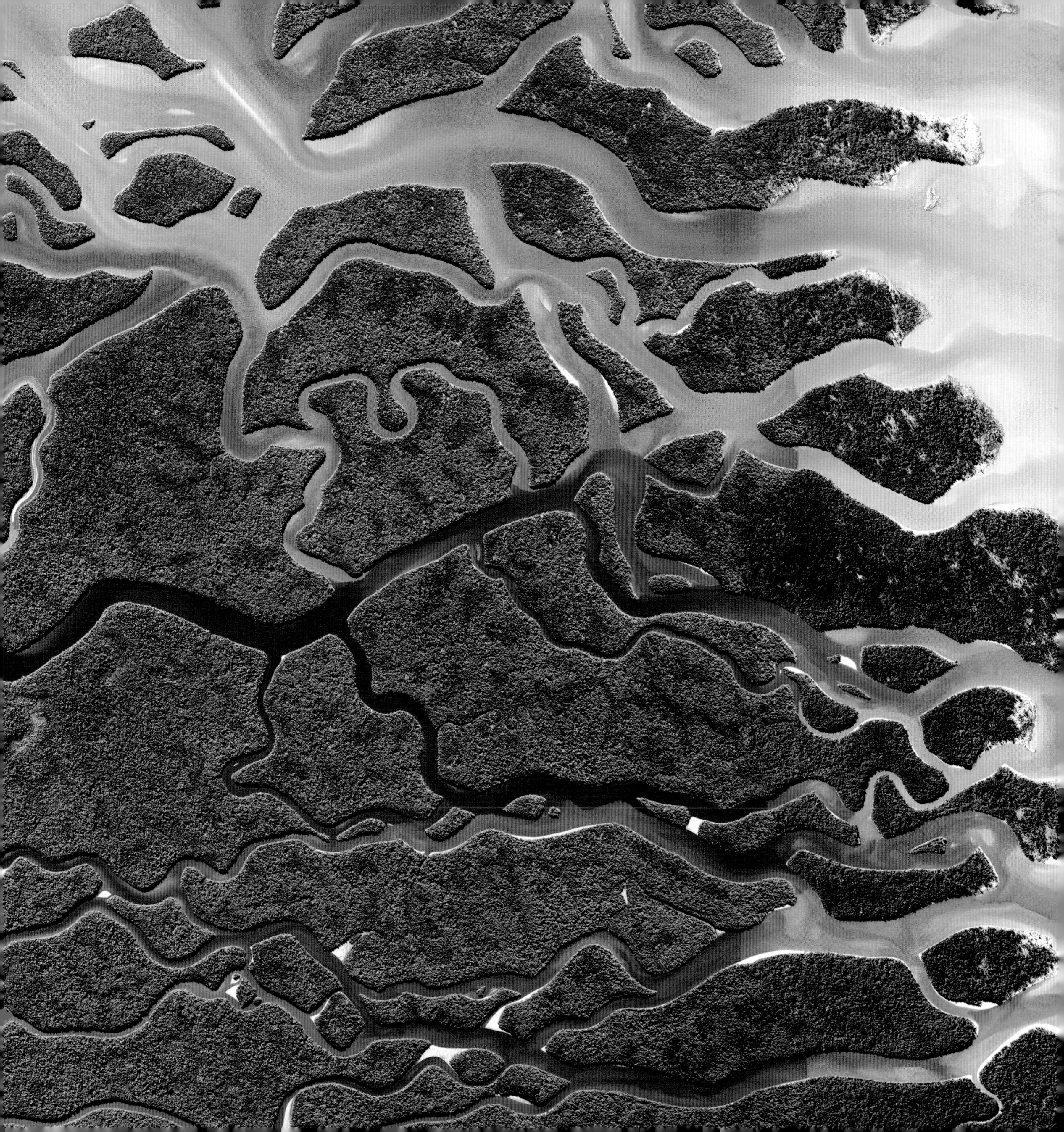

발트해 조류 대발생

물속에 영양분이 지나치게 많으면 작은 식물인 조류가 빠르게 늘어나 조류 대발생이 일어나요. 조류 대발생은 전 세계의 민물 호수와 바다에서 생길 수 있어요. 2015년 8월 발트해에서 일어난 조류 대발생으로 조류가 약 161제곱킬로미터, 즉 축구장 2만 3,000개 면적만큼 바닷물의 표면을 뒤덮어 버렸지요. 이 청록색 조류는 물속 산소를 모조리 써 버려 다른 해양 생물이 살 수 없는 죽음의 바다, '데드존'을 만들 수 있답니다.

몬테베르데 구름 숲

몬테베르데 구름 숲은 코스타리카에 있는 틸라란산맥의 높은 곳에 있어요. 해발 1,421미터에 자리한 몬테베르데는 매우 습하고 서늘하며 안개가 자욱하게 서려 있지요. 이러한 독특한 조건 덕분에 몬테베르테 구름 숲은 지구상 어디에서도 보기 힘든 난초와 동물, 예컨대 너구리를 닮은 올링기토 같은 희귀 동물에게 더할 나위 없는 보금자리가 되어 준답니다.

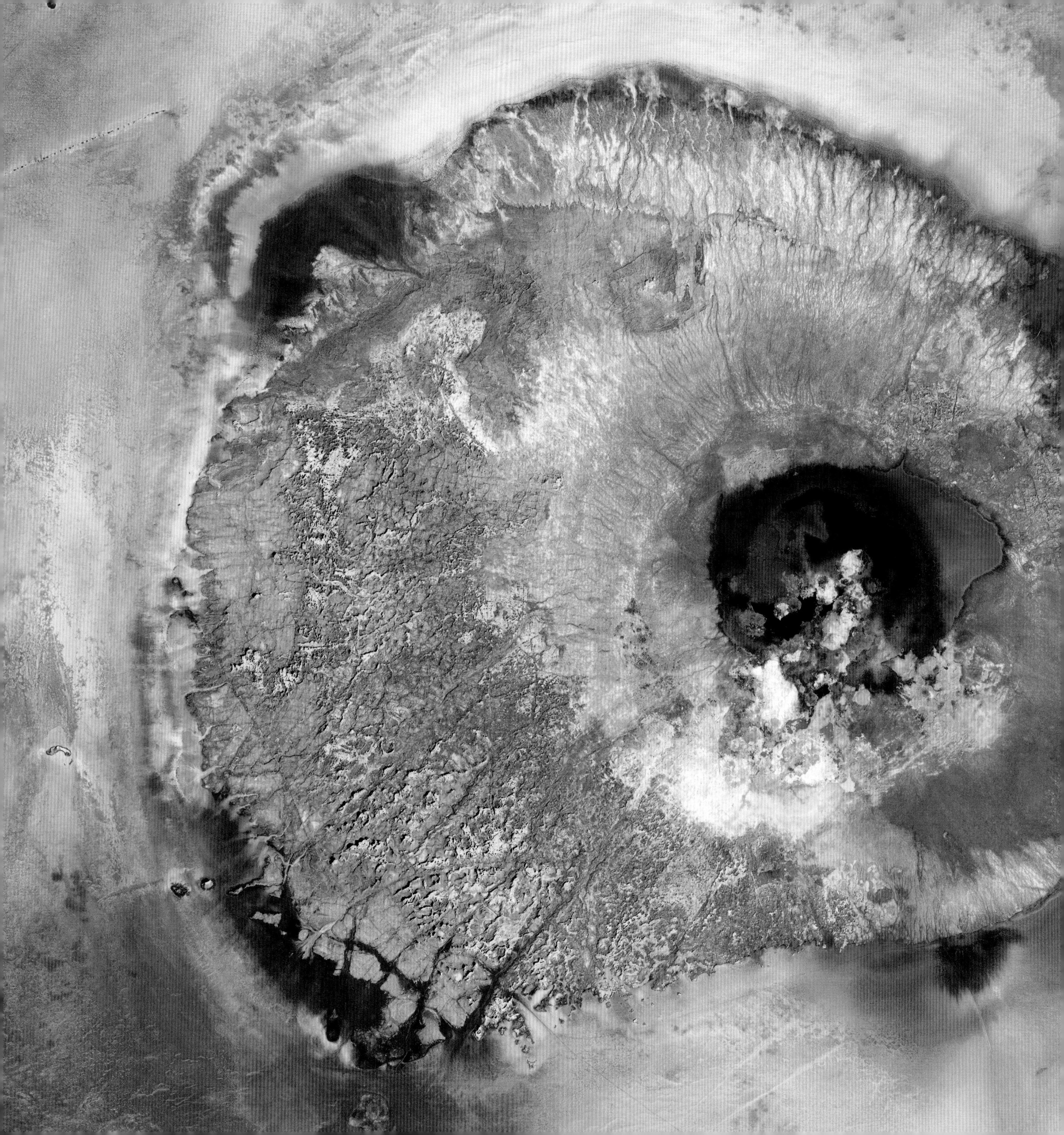

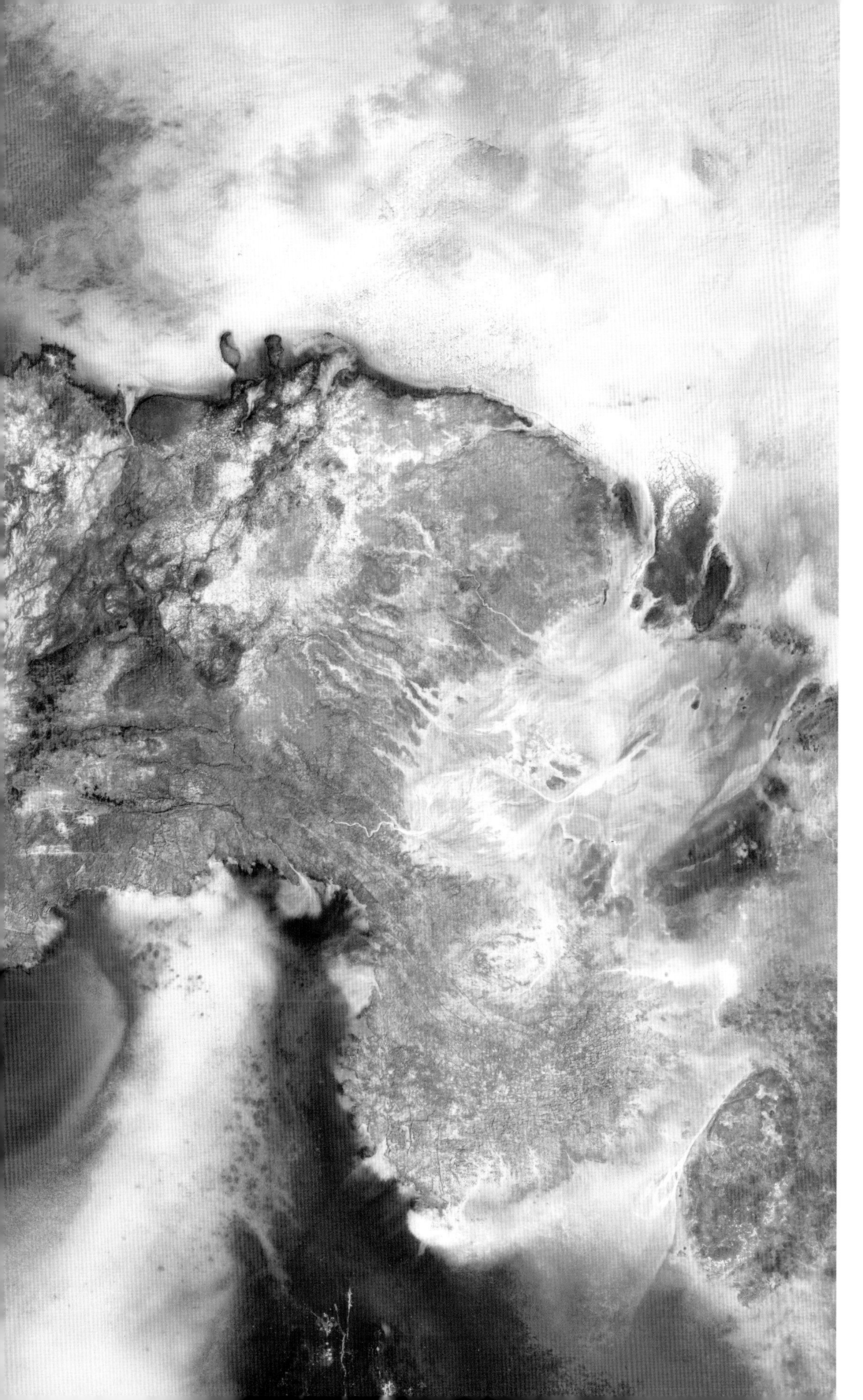

다나킬 함몰지

에티오피아의 다나킬 함몰지는 해수면보다 125미터 아래에 있어 매우 낮은 땅이에요. 땅이 끊임없이 움직이고 변하기 때문에 이곳에는 흔히 보기 어려운 지형이 펼쳐져 있지요. 땅속 뜨거운 물이 솟아오르는 열수 지대, 소금으로 뒤덮인 소금 평원, 지금도 꿈틀거리는 활화산, 분화구에 용암이 호수처럼 고인 용암 호수가 있어요. 전 세계에 8개 있는 용암 호수 중 하나지요. 다나킬 함몰지는 세계적으로도 아주 뜨거운 곳으로 손꼽혀요. 낮 기온이 52도까지 올라가고, 땅속에서 물이 보글보글 끓어올라요. 과학자들은 이토록 펄펄 끓는 물속에서도 끄떡없이 살아가는 아주 작은 생물체인 극한 미생물을 발견했답니다.

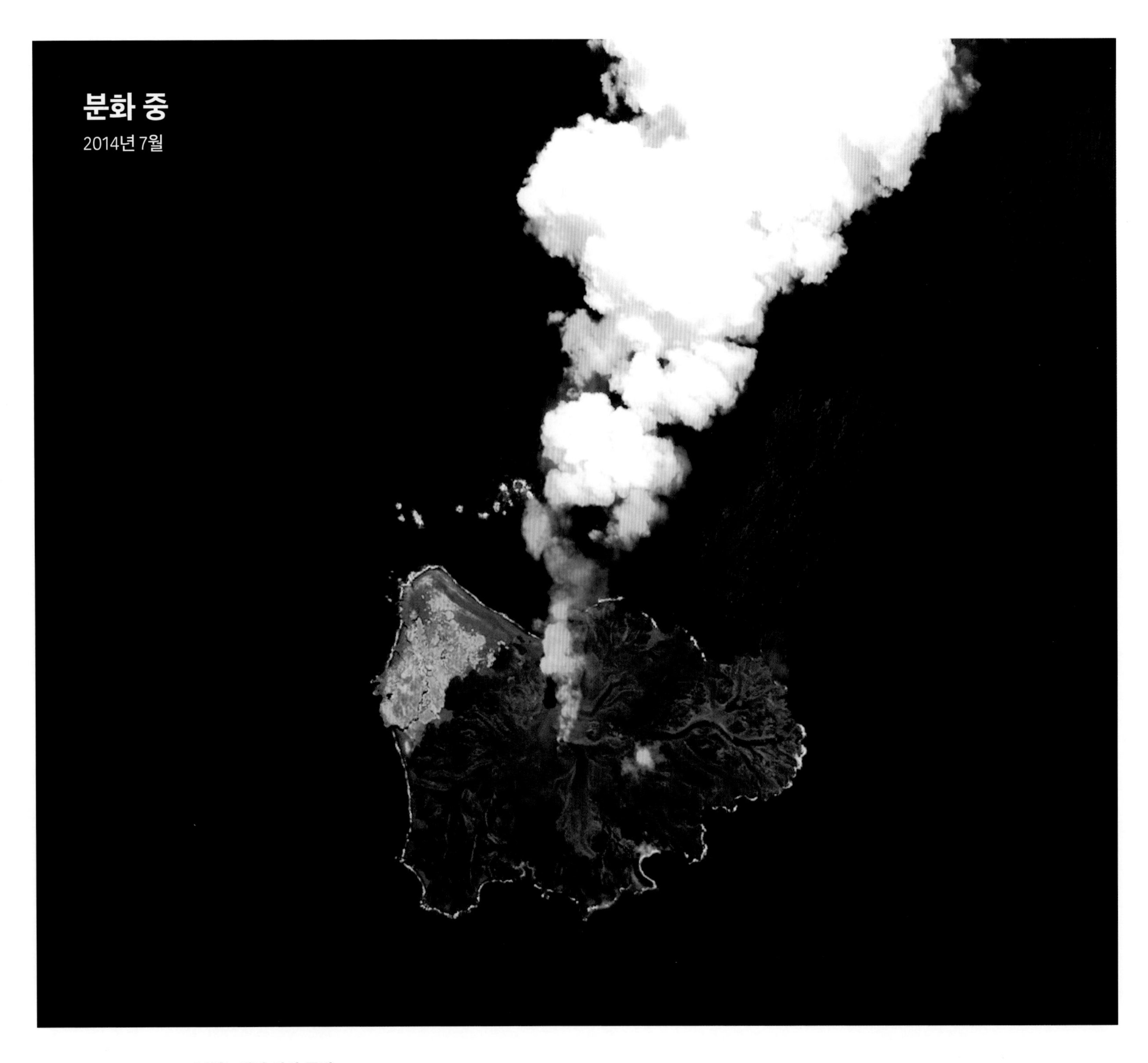

니시노시마 화산 폭발

일본 도쿄의 남동쪽에 있는 니시노시마섬에서 2013년 11월부터 2015년 11월까지 2년 동안 화산이 분화했어요. 그 결과, 섬의 면적이 축구장 7개(0.05제곱킬로미터)에서 축구장 329개(2.3제곱킬로미터) 넓이로 커졌어요!

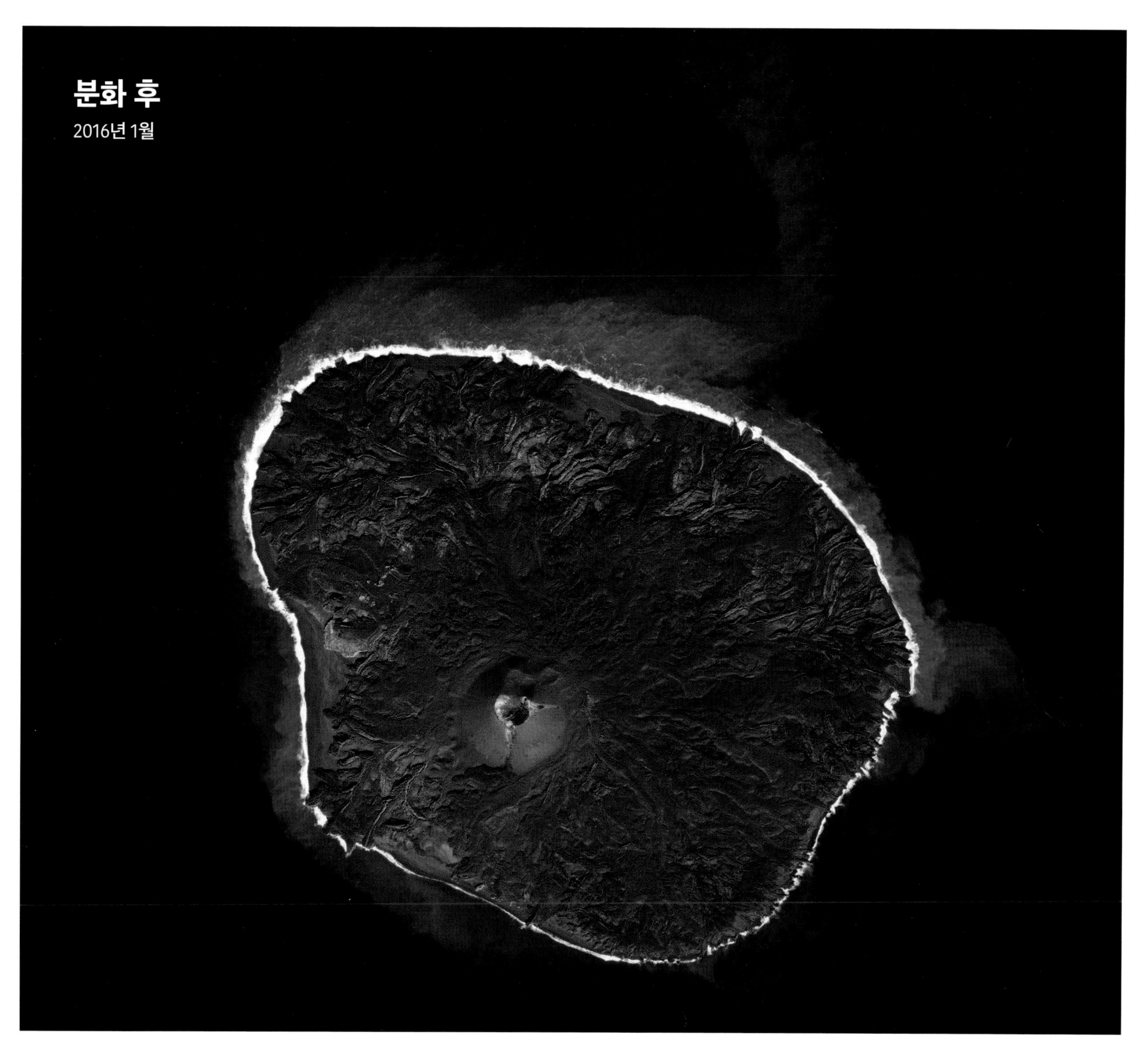

'분화 중' 사진은 니시노시마섬에서 2014년 7월 화산이 분화하는 모습이고, '분화 후' 사진은 화산이 분화를 끝낸 후 2016년 1월에 섬이 커진 모습이에요. 이곳의 화산은 2017년과 2018년에 또 폭발했지요. 니시노시마섬은 아직도 무럭무럭 자라고 있답니다!

퍼스 해변의 파도

호주의 퍼스 해변은 새하얗게 깔린 모래사장과 맑고 푸른 바닷물로 환상적인 경관을 자랑해요. 우주에서 내려다보면 파도가 물속에 잠겨 있는 암초와 부딪혀 일으키는 물살, 그리고 빙빙 도는 소용돌이가 보이지요. 바닷물의 이러한 흐름이 아름다워 보이지만, 파도가 해변으로 밀려왔다가 바다 밑바닥을 거쳐 먼바다로 되돌아가면서 강력한 물살을 만들어 내기 때문에 서핑과 수영을 즐기는 사람들이 바다 쪽으로 휩쓸려 갈 위험이 있답니다.

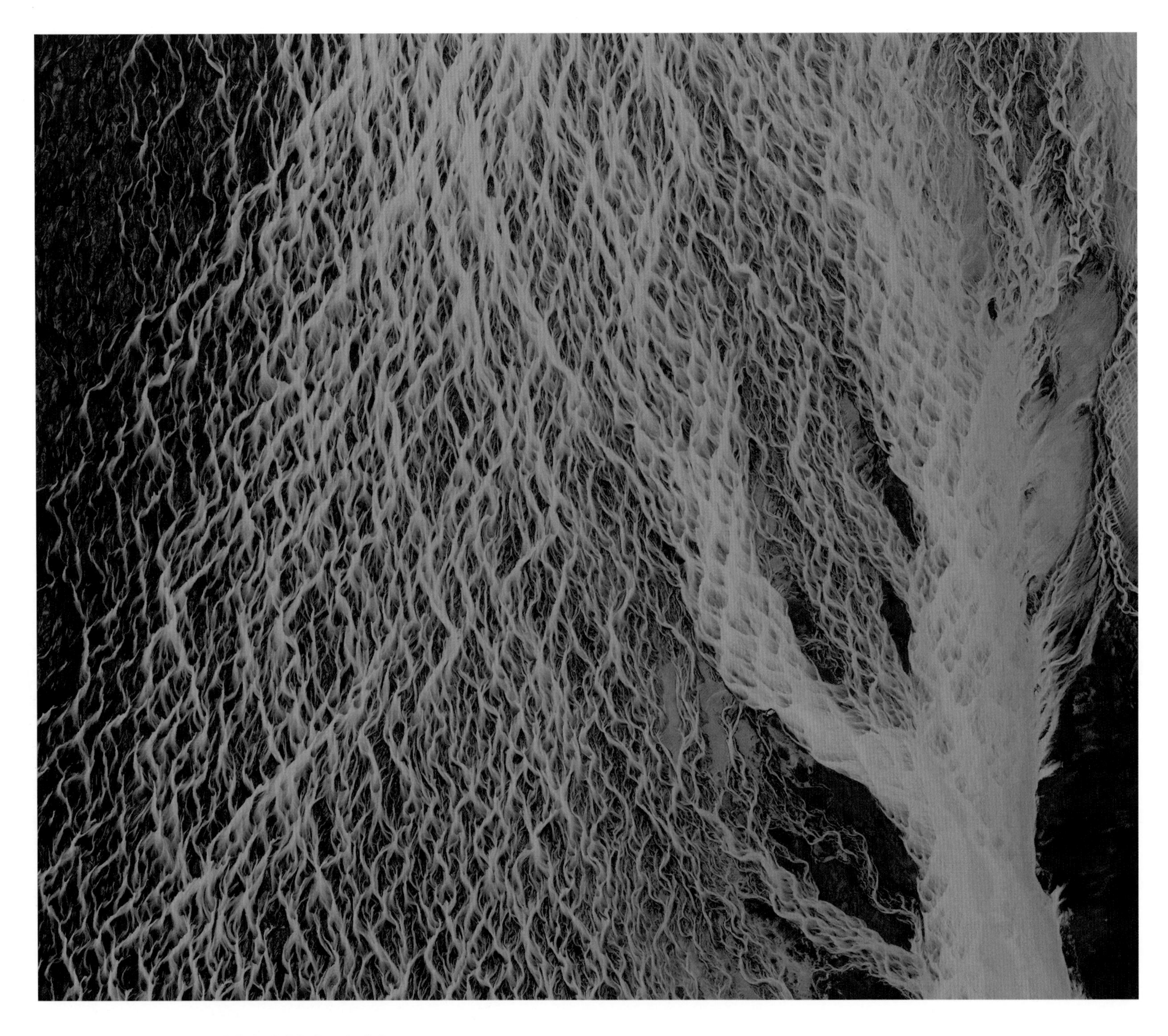

녹아내린 아이슬란드의 빙하

아이슬란드의 스카프타강은 빙하가 녹으면서 생긴 물이 퇴적물을 가득 싣고 흘러드는 곳이에요. 이 강물은 바위를 돌고 언덕을 따라 대서양으로 흐르면서 땅에 여러 갈래로 멋진 물줄기와 독특한 무늬를 그려 내지요. 화산활동이 활발한 이 지역에는 뜨거운 용암과 증기가 뿜어져 나오고 온천이 생겨 빙하를 녹이기 때문에 엄청난 양의 물이 한꺼번에 쏟아져 나와요. 이 강물이 흘러가면서 한 폭의 그림 같은 아름다운 풍경을 선사한답니다.

엠프티 쿼터

룹알할리 사막이라고도 부르는 엠프티 쿼터는 세계에서 가장 넓은 모래사막이에요. 사우디아라비아, 오만, 예멘, 아랍에미리트 일부에 걸쳐 있지요. 면적이 65만 제곱킬로미터로, 한반도 크기의 약 3배에 이른답니다. 수천 년 전에는 이곳에 얕은 호수들이 있었지만 시간이 지나면서 호수가 말라 버리고 그 자리에 남은 퇴적물이 굳어 단단한 땅이 되었어요. 게다가 1년 동안 비가 35밀리미터밖에 내리지 않기 때문에 지금은 생명체가 살기 어려운 환경이랍니다.

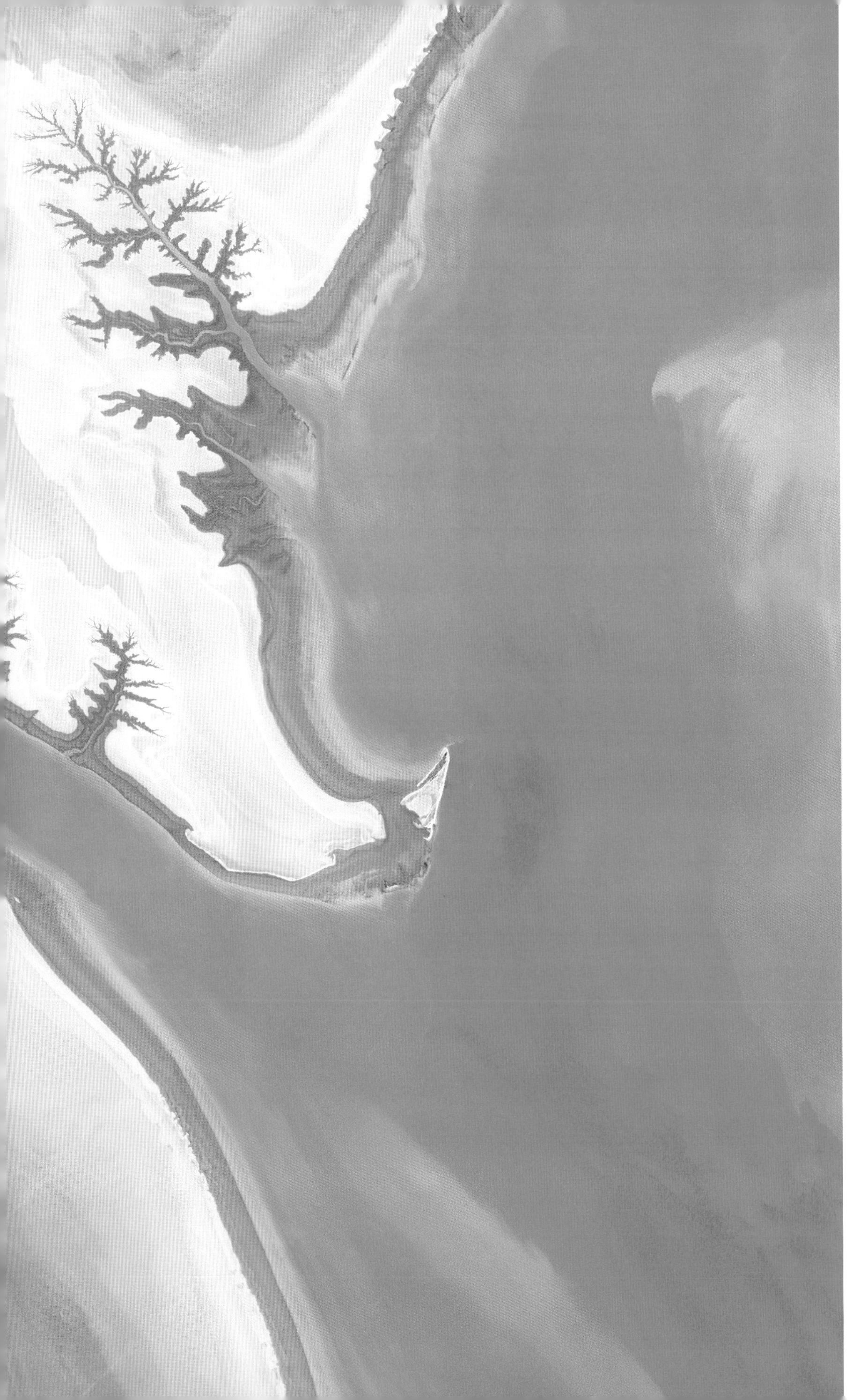

샤데건 석호

우주에서 내려다보면, 물이 땅을 가로질러 흐르면서 땅 모양을 어떻게 바꾸는지 한눈에 알 수 있어요. 바다가 모래 둑으로 가로막혀 생긴 호수를 석호라고 하는데, 실제로 이란의 샤데건 석호에서 무사만으로 흘러가는 물길은 나무나 사람의 뇌처럼 보이지요. 석호를 둘러싼 땅은 물기가 많은 습지로, 우리가 자연과 더불어 살아가는 데 중요한 역할을 해요. 안타깝게도 이 습지는 송유관에서 새어 나온 석유와 농사짓는 땅에서 흘러나온 비료 때문에 걸핏하면 오염되고 있답니다.

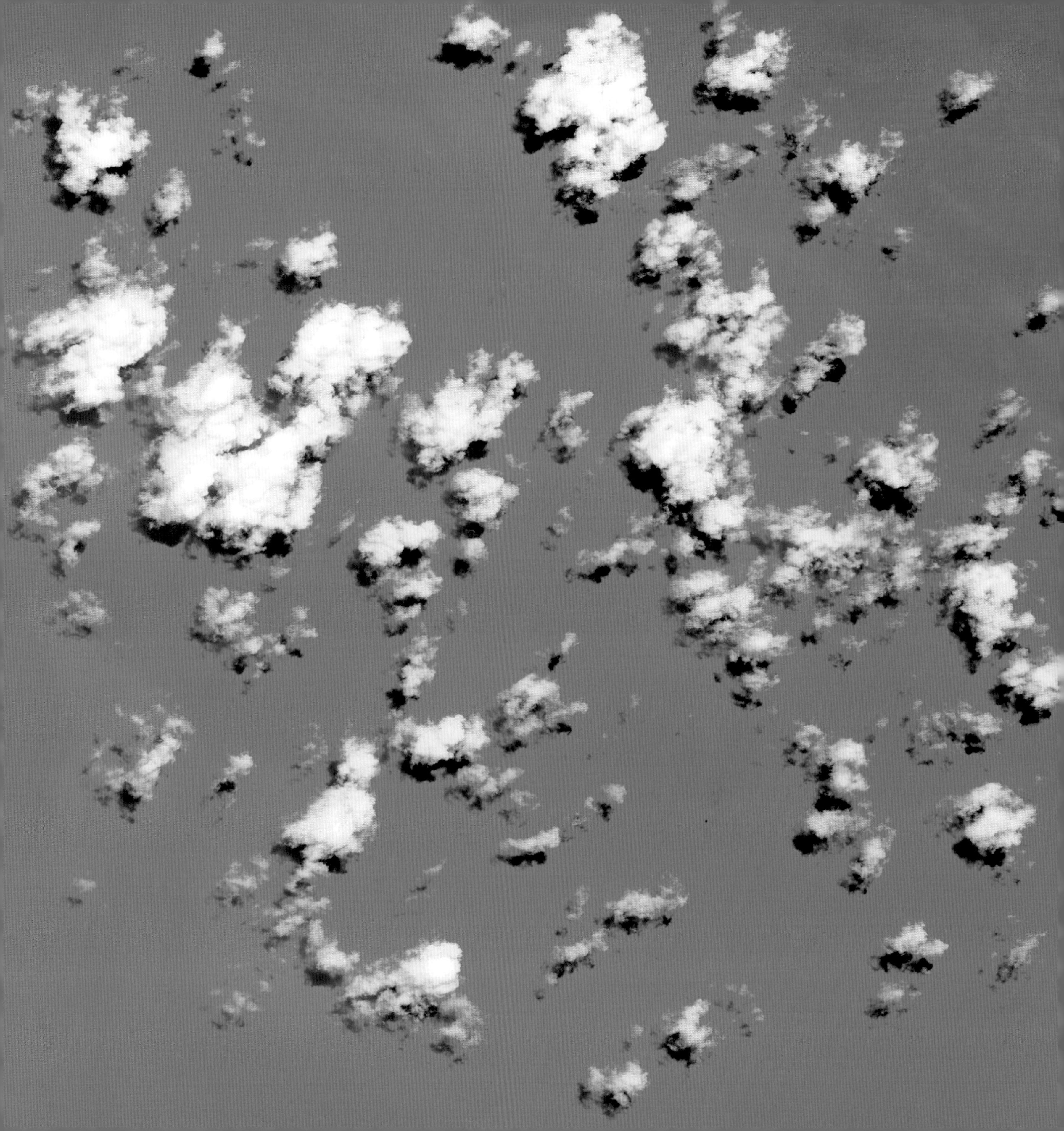

적란운 ↑

구름은 지구의 날씨가 끊임없이 변한다는 것을 아름답게 보여 줘요. 위 사진은 아프리카 서부에 있는 나이지리아의 하늘에 탑 모양으로 높이 피어오른 거대한 구름인데, 이런 구름을 적란운 또는 소나기구름, 쌘비구름이라고 해요. 적란운은 비행기가 나는 높이를 훌쩍 넘어 1만 5,000미터까지 솟구치기도 하지요. 주로 강한 소나기를 내리는 비구름이라서 번개와 우박도 몰고 온답니다.

← 적운

대서양 서쪽에 있는 섬나라, 바하마의 하늘에 몽실몽실 떠 있는 구름 사진이에요. 이런 구름을 적운, 쌘구름, 뭉게구름이라고 하지요. 적운은 날씨가 맑은 날에 나타나는 구름으로, 보통 지표면에서 2,000미터를 넘지 않는 높이에 떠 있어요. 적운은 비를 거의 내리지 않지만 위 사진처럼 강한 비를 뿌리는 적란운으로 몸집을 키울 수 있답니다.

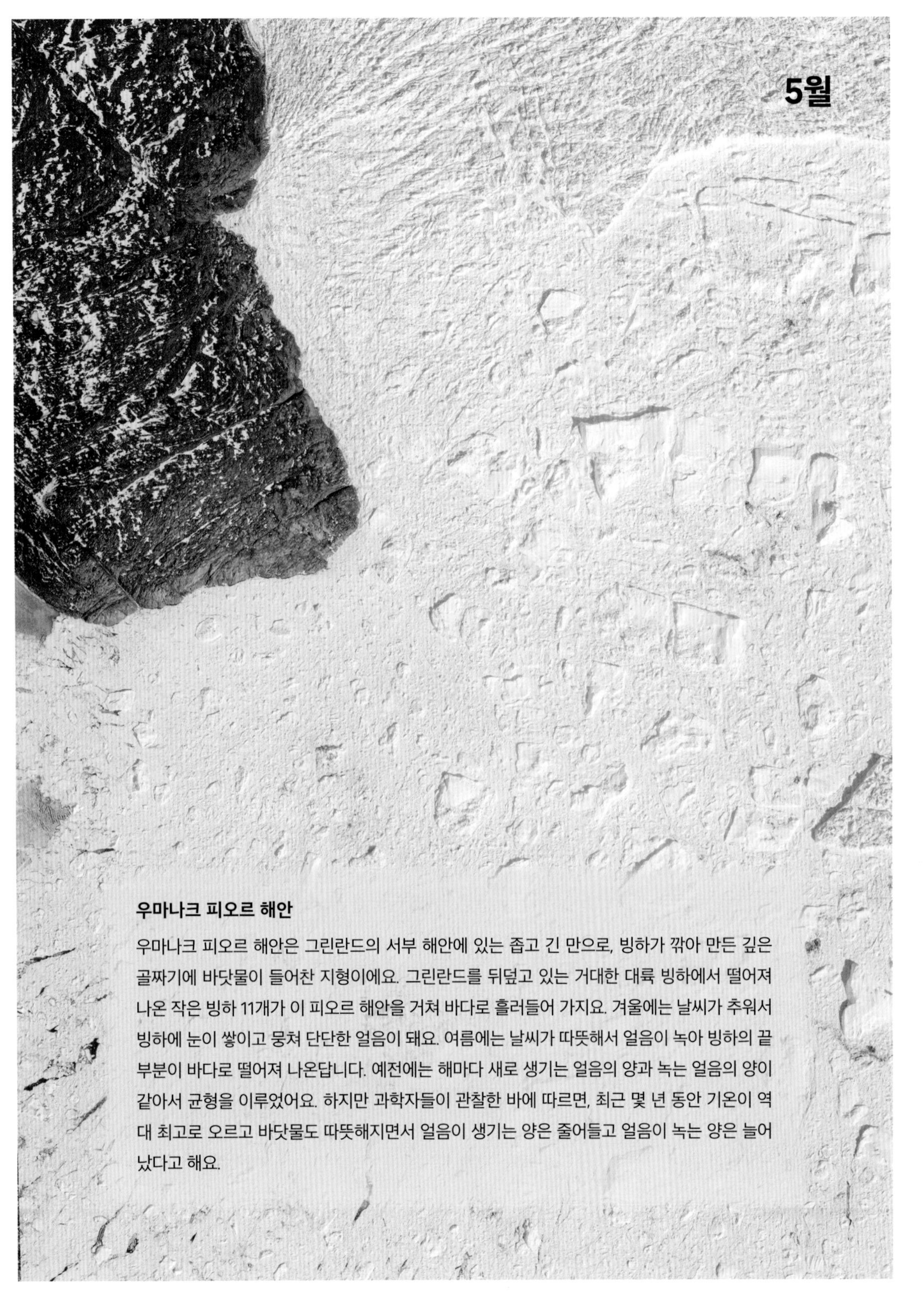

5월

우마나크 피오르 해안

우마나크 피오르 해안은 그린란드의 서부 해안에 있는 좁고 긴 만으로, 빙하가 깎아 만든 깊은 골짜기에 바닷물이 들어찬 지형이에요. 그린란드를 뒤덮고 있는 거대한 대륙 빙하에서 떨어져 나온 작은 빙하 11개가 이 피오르 해안을 거쳐 바다로 흘러들어 가지요. 겨울에는 날씨가 추워서 빙하에 눈이 쌓이고 뭉쳐 단단한 얼음이 돼요. 여름에는 날씨가 따뜻해서 얼음이 녹아 빙하의 끝부분이 바다로 떨어져 나온답니다. 예전에는 해마다 새로 생기는 얼음의 양과 녹는 얼음의 양이 같아서 균형을 이루었어요. 하지만 과학자들이 관찰한 바에 따르면, 최근 몇 년 동안 기온이 역대 최고로 오르고 바닷물도 따뜻해지면서 얼음이 생기는 양은 줄어들고 얼음이 녹는 양은 늘어났다고 해요.

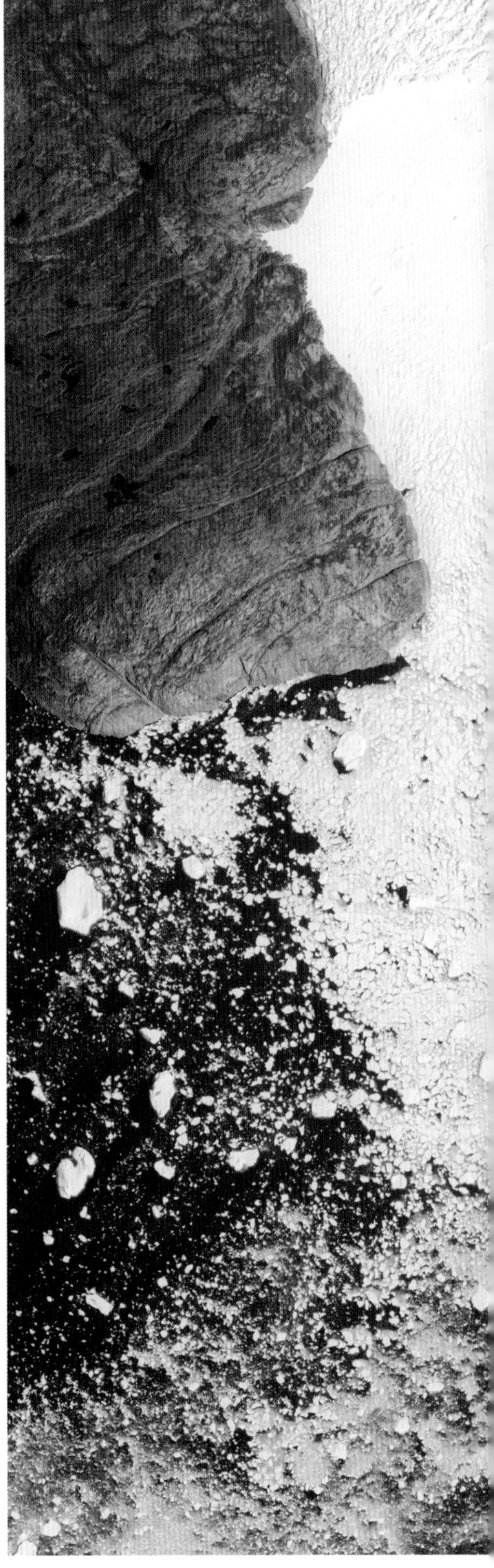

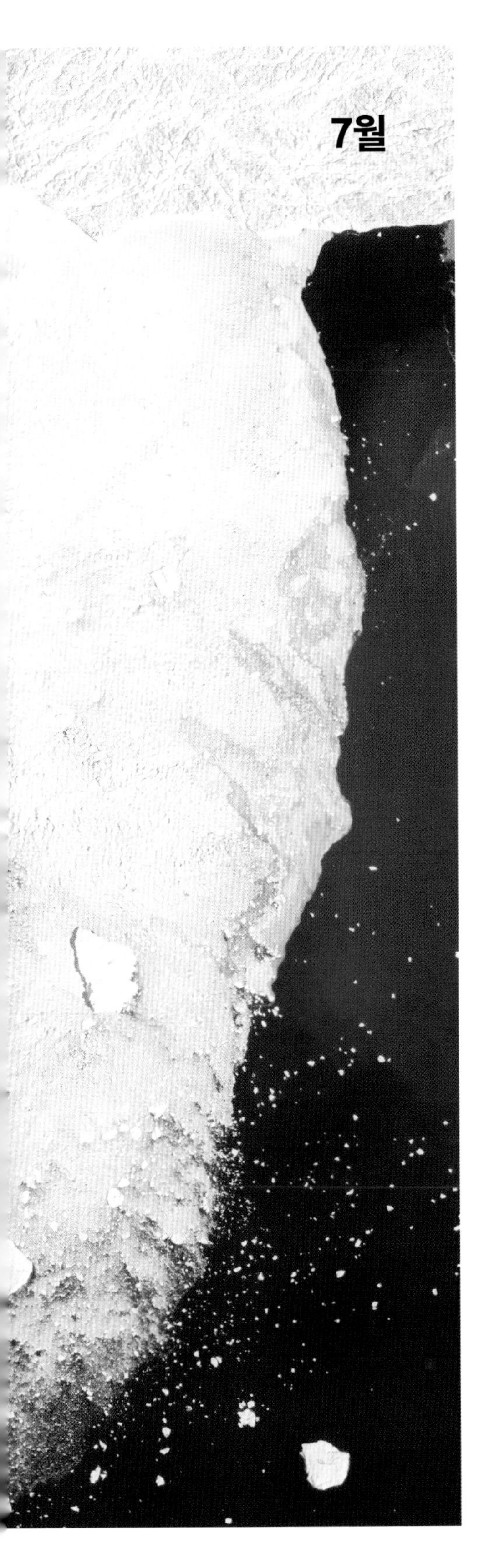
7월

8월

지구의 여러 가지 빛깔

빨강

탄자니아의 나트론 호수에는 소금이 아주 많이 들어 있어, 특정한 종류의 시아노 박테리아가 자라요. 이 박테리아는 호수를 진한 붉은빛으로 물들이는 색소를 만들어 내지요.

노랑

뉴질랜드 남섬의 뱅크스 반도에는 샛노란 꽃이 흐드러지게 피는 떨기나무가 자라요.

파랑

얼음처럼 차가운 파란색이에요! 오른쪽 사진은 아르헨티나의 파타고니아에 있는 페리토 모레노 빙하랍니다. 이 지역은 두꺼운 얼음층으로 뒤덮인 얼음 벌판으로, 세계에서 세 번째로 담수를 많이 품고 있는 곳이지요.

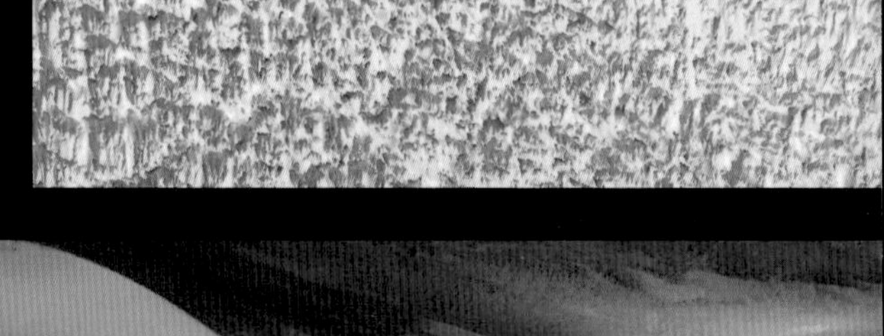

보라

아키미스키섬은 캐나다 제임스 베이에 있는 무인도예요. 이 보랏빛은 지의류(곰팡이와 조류가 더불어 살아가는 생명체), 이끼, 사초라는 식물이 조화를 이루어 아름답게 빚어낸 색이지요.

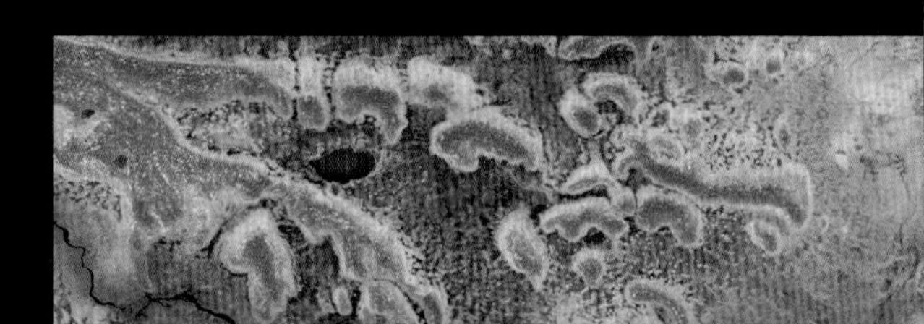

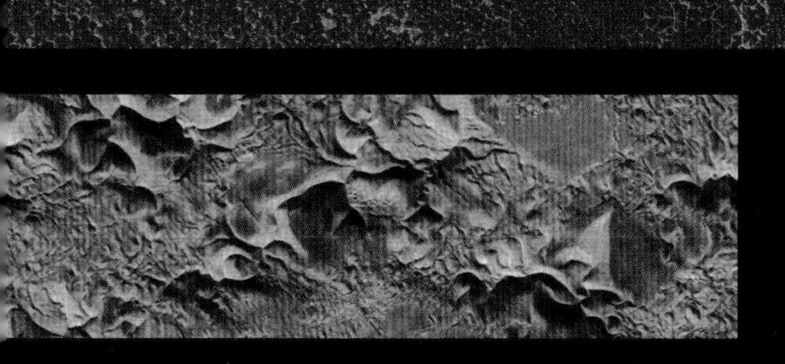

주황

알제리 사하라 사막에 있는 모래 언덕들은 밝은 주황빛을 띠고 있어요. 사하라 사막에는 비가 거의 오지 않아 이 거대한 모래 더미에 강렬한 햇볕만 쏟아져 내리지요.

초록

아이슬란드 남부의 산비탈은 초록빛 이끼로 덮여 있어요. 아이슬란드는 화산섬이라 땅이 대부분 용암이 식어 굳어진 화산암으로 이루어졌어요. 영양분이 풍부한 토양이 부족해 큰 식물이 뿌리를 내리기 어렵지만, 이끼는 곳곳에서 잘 자란답니다!

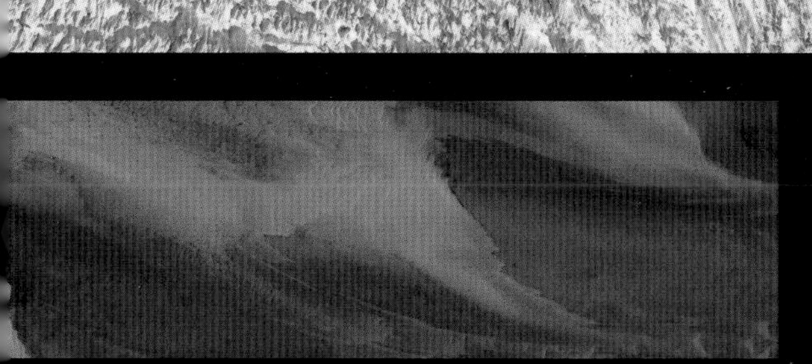

남색

섬나라인 바하마를 둘러싼 바닷물은 깊이가 들쑥날쑥해요. 바다 밑바닥의 넓고 평평한 땅인 대륙붕이 있는 곳은 바닷물의 깊이가 얕아 연한 파란색을 띠고, 대륙붕이 끝나는 곳은 바닷물이 갑자기 깊어져 남색을 띤답니다. 우주에서 보면, 이 두 가지 색이 환상적으로 어우러져 신비로운 빛깔을 자아내지요.

CHAPTER 3

위기에 처한 지구

이따금 지구에 미치는 자연의 힘이 워낙 커서 재앙을 몰고 올 때도 있어요. 지구의 파괴적인 자연 현상을 예측하고 사람들에게 경고하는 과학 기술이 발전했지만, 정확하게 예측하고 제때 경고하는 일은 여전히 쉽지 않지요. 화산이 예고 없이 폭발하면 사람들이 안전한 곳으로 미처 몸을 피할 겨를이 없을 수 있어요. 또 캠핑할 때 불을 조심히 다루지 않거나 벼락이 내리치면 대형 산불이 날 수 있어요. 거센 불길이 걷잡을 수 없이 번져 나가 삽시간에 온 마을을 덮치고, 불길이 지나가는 곳에 있는 생명체를 모조리 집어삼키지요. 그리고 허리케인 같은 매우 강력한 폭풍우가 몰아치면 도로와 주택이 한순간에 물에 잠기고 전기가 끊겨요. 바닷물이 밀려와 해안 지역을 덮치기 때문에 땅에 소금물이 스며들어 한동안 농작물이 잘 자라지 못한답니다. 과학자들은 기후 변화, 특히 지구의 기온이 높아지는 온난화 때문에 이러한 폭풍우가 앞으로 더 자주 발생할 것이라고 입을 모아요. 이 장에서는 지구에서 일어나는 격렬한 자연 현상을 더욱 깊이 이해하기 위해, 극단적인 날씨가 끼친 영향을 뚜렷하게 보여 주는 전후 사진을 소개합니다.

라웅 화산

라웅 화산은 인도네시아 자바섬에서 화산활동이 매우 활발하게 일어나는 화산 가운데 하나예요. 최근 수십 년 동안 몇 년에 한 번씩 폭발했고, 2020년부터 해마다 폭발하고 있지요. 최근 화산활동 중 2015년 폭발이 가장 강력했고 심각한 피해를 남긴 것으로 평가돼요. 당시 화산이 폭발하면서 화산재가 하늘로 치솟아 올랐어요. 그래서 인도네시아의 여러 공항이 폐쇄되고, 비행기가 뜨고 내리기 어려워졌지요. 이 위성 사진은 특수 적외선 카메라로 촬영했는데, 2015년 폭발 당시에 3,332미터 높이의 화산 정상에 있는 분화구가 시뻘건 용암으로 가득 찬 모습이랍니다.

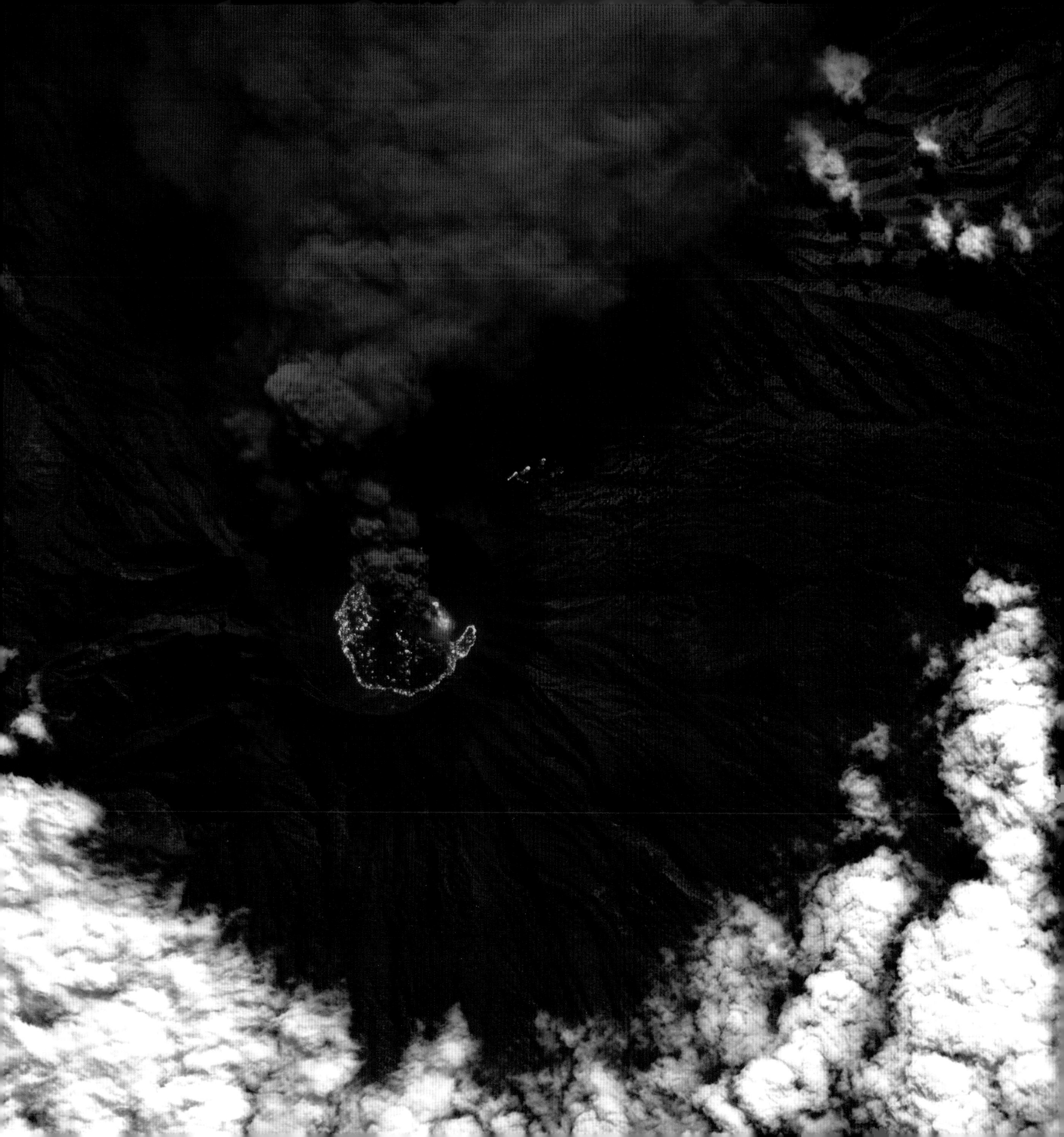

산불 진행 중

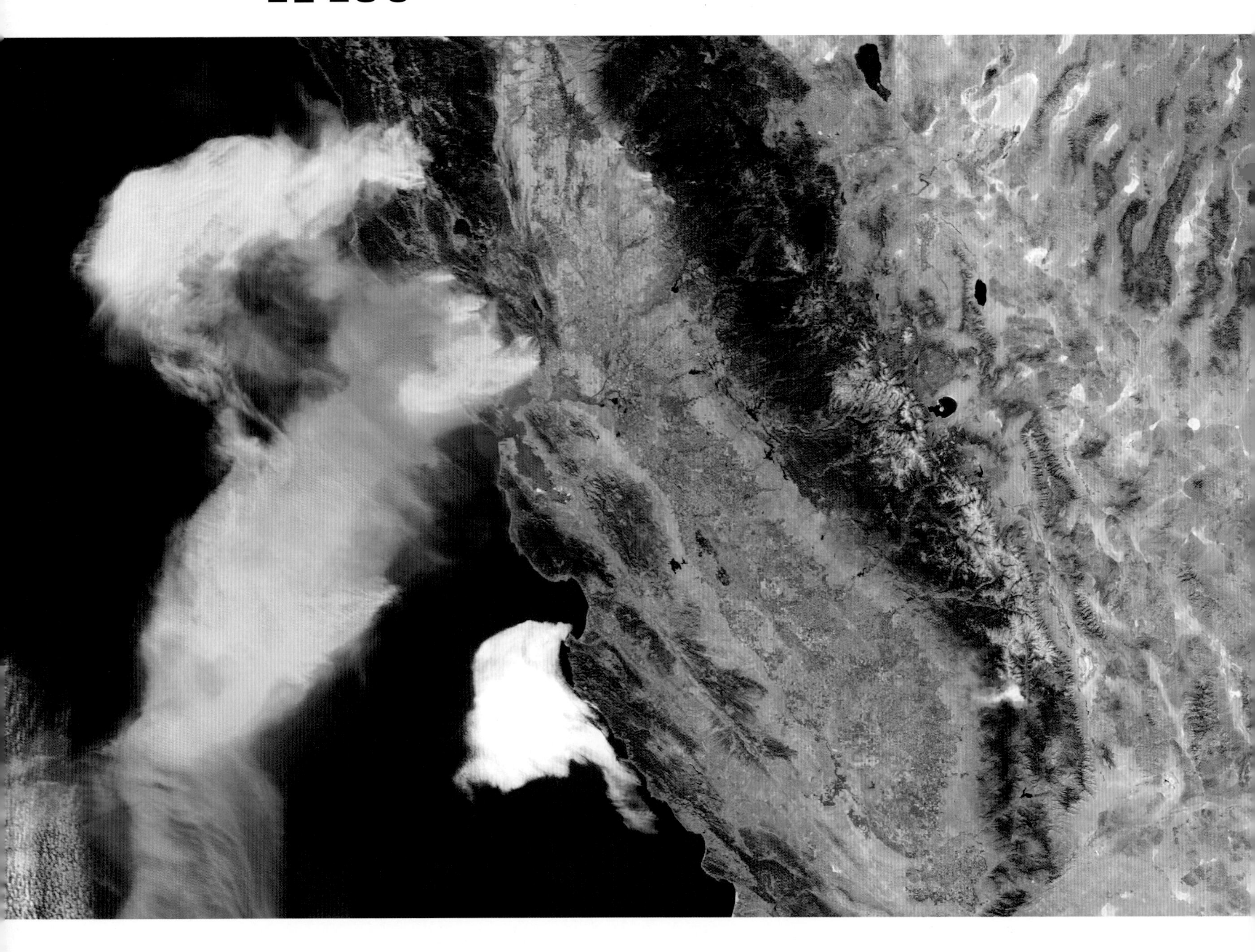

캘리포니아 산불

2017년 10월, 미국 캘리포니아주 산타로사 근처에서 대형 산불이 발생했어요. 조사한 바에 따르면, 거센 바람에 전선이 땅에 떨어지면서 불꽃이 튀었고, 이 불꽃이 마른 풀과 나무에 옮겨붙어 산불이 시작되었어요. 강한 바람을 타고 불길이 걷잡을 수 없이 번지면서, 53쪽의 전후 사진에 나오는 동네는 물론이고 주변 마을까지 순식간에 덮쳤지요. 이 산불로 건물 약 8,900채가 불타고 44명이 목숨을 잃었어요. 이처럼 무서운 파괴력을 지닌 산불은 갈수록 캘리포니아주에 위협이 되고 있답니다.

산불 전

산불 후

남아프리카 공화국의 가뭄

남아프리카 공화국의 수도 케이프타운은 2014년부터 2018년까지 지독한 가뭄을 겪었어요. 선후 사진에서 볼 수 있듯이 케이프타운에서 가장 큰 댐이자 도시의 물 공급에 가장 중요한 역할을 하는 디워터스클루프 댐이 거의 바닥을 드러낼 지경이었지요.

가뭄이 이어지는 동안, 케이프타운 주민들은 한 사람당 하루에 물을 최대 50리터까지만 사용하도록 엄격하게 제한받았어요. 이는 대략 3분 동안 샤워하면서 쓰는 물의 양이에요. 다행히 2018년 내린 겨울비 덕분에 케이프타운은 수도꼭지에서 물이 나오지 않는 날인 '데이 제로'를 막을 수 있었지요. 하마터면 세계 최초로 물 공급이 완전히 끊긴 대도시가 될 뻔했답니다.

허리케인 상륙 중

허리케인 하비가 몰고 온 홍수

2017년 8월 말, 허리케인 하비가 텍사스를 느릿느릿 지나가며 최고 1,539밀리미터 즉, 1년 내내 서울에 내리는 비의 양을 훌쩍 넘는 물 폭탄을 쏟아부어 재앙 수준의 홍수를 일으켰어요. 하비는 미국의 다섯 개 주를 휩쓸고 지나가면서 1,300만 명의 사람들에게 큰 피해를 주었지요. 20만 채가 넘는 주택을 파손한 데다 106명의 목숨을 앗아 갔어요. 9월 1일이 되지, 텍사스주에서 가장 큰 도시이자 미국에서 네 번째로 인구가 많은 도시인 휴스턴은 시내의 3분의 1이 물에 잠겼답니다. 57쪽의 사진은 최악의 홍수가 샌재신토강 근처의 휴스턴을 덮치기 전과 후의 모습을 담고 있어요.

홍수 전

홍수 후

하와이 킬라우에아 화산의 용암 분출

하와이에 있는 킬라우에아 화산이 2018년 5월 초에 분화를 시작해서 8월까지 이어졌어요. 용암이 지표면을 따라 흘러나오고, 땅의 갈라진 틈에서 어마어마하게 뜨거운 증기가 뿜어져 나왔지요. 폭발이 일어나면서 화산재 기둥이 용암 불기둥과 함께 하늘 높이 치솟았어요. 분화 전후를 비교한 사진에서 뚜렷이 드러나듯이, 이번 분화로 레일라니 에스테이츠라는 지역에서 700채가 넘는 주택과 수많은 도로가 파괴되었어요. 이 지역은 앞으로 화산이 다시 분화할 수 있어 여전히 위험하답니다.

(59쪽 아래 사진) 분화 후의 모습을 담은 사진이에요. 킬라우에아 화산이 뿜어낸 용암이 바다까지 흘러가요. 이렇게 되면 바닷물이 뜨거운 용암을 식혀 주지요. 하지만 용암의 열 때문에 바닷물이 펄펄 끓어올라 수증기가 공기 중으로 솟아오른답니다.

분화 후

PART 2

놀랍고 신비로운 지구와 우리

팜 주메이라

팜 주메이라는 아랍에미리트의 대표 도시인 두바이에 세운 인공 섬으로, 이곳에 약 2만 6,000명이 살고 있어요. 이 섬들은 페르시아만 바다 밑에서 퍼 올린 암석과 모래로 바다를 메워 만든 땅 위에 형성되었지요. 초승달 모양으로 둥글게 감싸고 있는 바깥 섬은 폭이 200미터, 길이가 18킬로미터에 이른답니다.

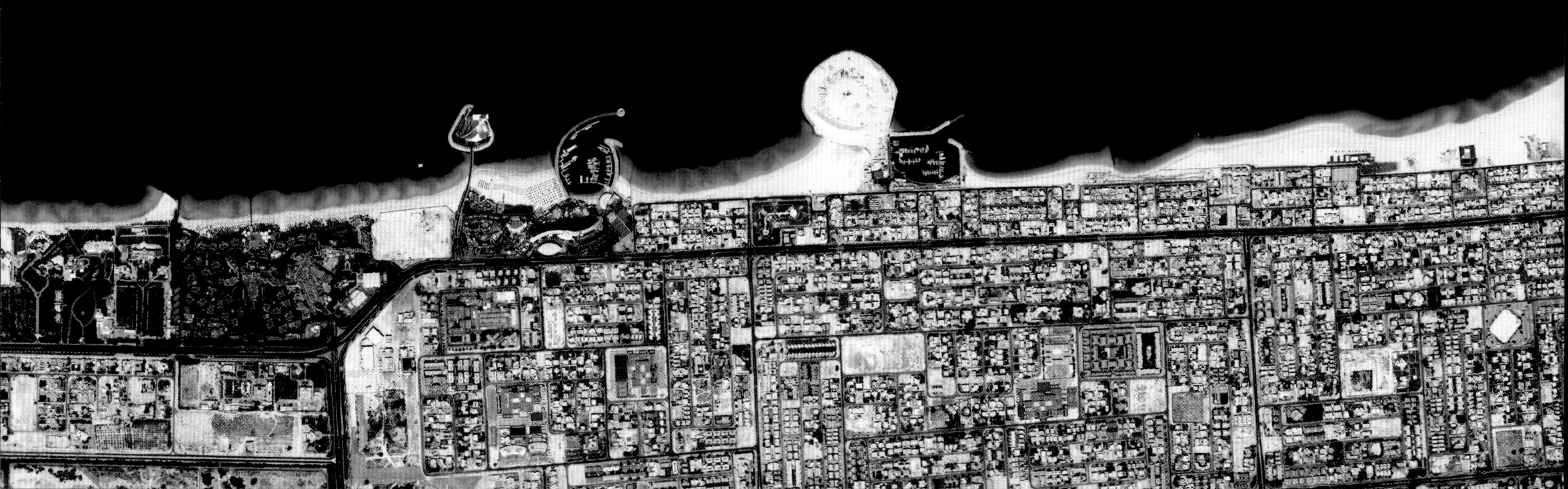

CHAPTER 4

우리를 먹여 살리는 지구

약 1만 년 전, 인류는 식량을 안정적으로 생산하는 새로운 능력을 갖추게 되었어요. 더는 먹을 것을 찾아 이동하지 않고 한곳에 머물러 살게 되면서 다른 일에 시간을 쓸 수 있었지요. 바로 이 농업의 발달 덕분에 오늘날 우리가 누리는 현대 문명의 토대가 마련되었답니다.

이 장에서는 인간이 땅을 활용해 동물과 식물을 기르는 과정에서 놀라운 창의성을 발휘한 사례를 살펴볼 거예요. 우주에서 내려다보면, 우리가 농사짓는 땅이 실로 짠 천처럼 보이지요. 지구 땅의 약 40퍼센트가 농업에 이용되고, 인구는 계속해서 늘어나 현재 81억 명에 이르렀어요. 따라서 인류는 식량을 더욱 효과적으로 생산할 방법을 찾아야 해요.

첨단 농기계와 강력한 화학물질 덕분에, 농작물의 양과 가축의 수가 빠르게 늘어났어요. 게다가 사람들은 바다에서 식량을 얻기 위해 완전히 새로운 기술까지 개발했지요. 어업으로 잡아들이는 전 세계 바다 생물의 양을 1950년대에 비해 6배로 늘린 데다가 바다에서 전에 없던 '작물'을 재배하기도 했답니다. 하지만 우리가 마시고 사용하는 깨끗한 물의 양이 점점 줄어들고, 바다 생물을 마구 잡아들이는 문제가 심각해졌어요. 우리는 앞으로 자원을 어떻게 얻고 쓰고 관리할지 고민해야 한답니다. 지구가 줄 수 있는 만큼만 자원을 사용해야 인간과 야생 동물이 더불어 살아가는 건강한 생태계를 유지할 수 있거든요.

나일강

나일강은 길이가 6,650킬로미터로, 세계에서 가장 긴 강이에요. 해마다 여름이면 에티오피아 산악 지대에 쌓인 눈이 녹고 세찬 비가 쏟아져 그 물이 나일강으로 흘러가지요. 나일강이 이집트에 다다를 때쯤 강물이 넘쳐 평평한 사막 지대가 물에 잠겨요. 그 덕분에 강둑을 따라 식물이 무성하게 자라나 강이 바다와 만나는 강 하구의 삼각주까지 온통 초록빛으로 길게 이어진답니다. 역사학자들에 따르면 이집트의 나일강 주변 지역에서 사람들이 적어도 5,000년 전부터 농사를 집중적으로 지어 왔다고 해요.

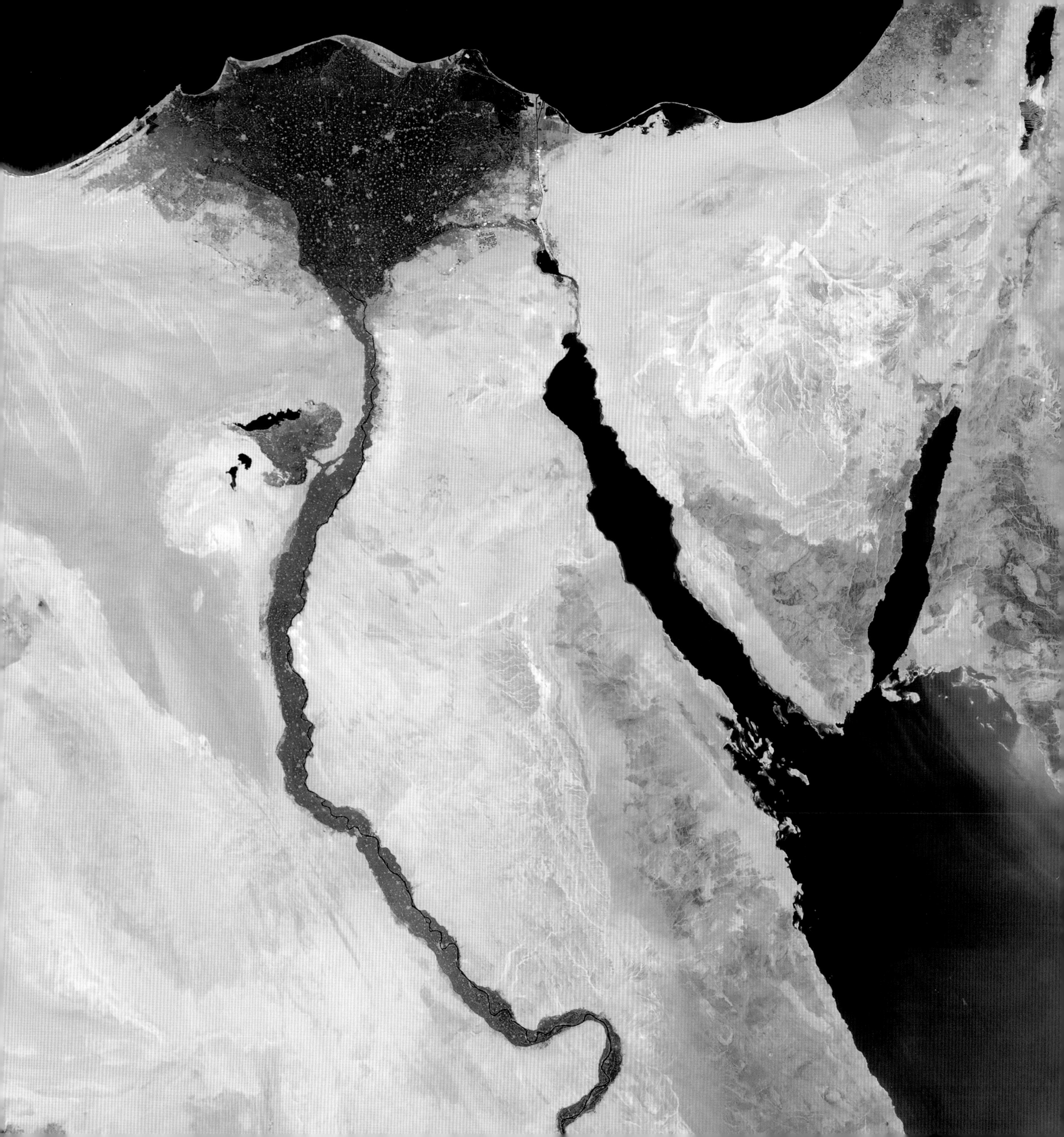

위안양의 계단식 논

중국 위안양의 계단식 논은 가파른 산비탈을 깎아 계단 모양으로 일군 논으로, 무려 3,000개가 넘는 계단이 이어져 있어요. 약 1,300년 전에 중국의 소수 민족인 하니족이 산악 지대에서 농사를 지으려고 이처럼 영리한 방법을 생각해 냈지요. 하니족은 논에 물을 대기 위해 산꼭대기의 물을 끌어와 계단식 논 전체에 고르게 흘러들어 갈 수 있게 물길을 정교하게 만들었답니다.

(아래 사진) 인간이 만든 대지의 조각품인 계단식 논이 산자락을 따라 층층이 펼쳐진 모습이에요.

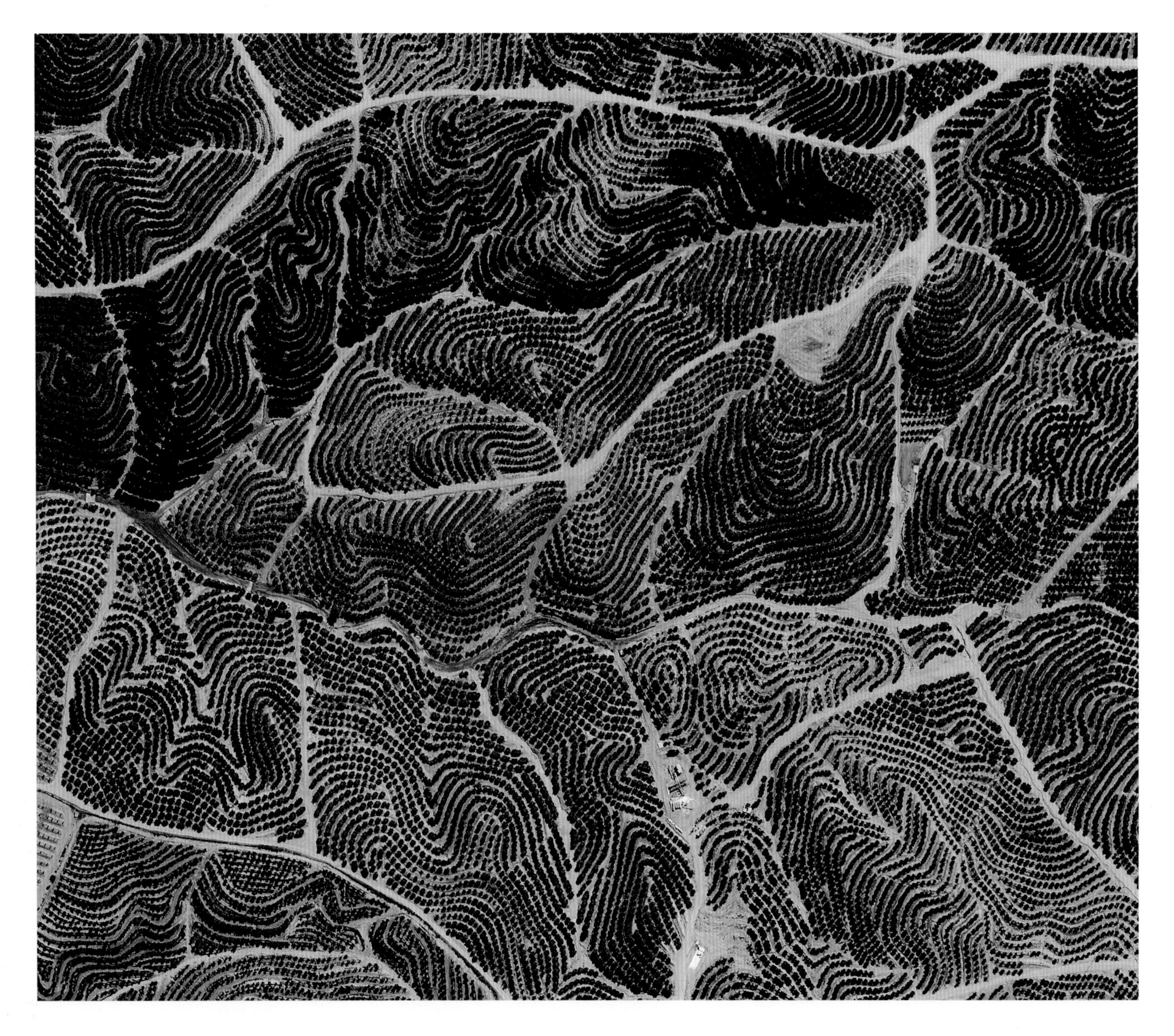

감귤류 나무

스페인의 이슬라 크리스티나에는 언덕 곳곳에 주로 오렌지 나무가 심어진 과수원이 점점이 흩어져 있어요. 이 지역은 비가 적게 오는 건조한 기후라서 오렌지, 레몬, 라임, 자몽 같은 감귤류 작물을 키우기에 딱 알맞아요. 원래는 너무 가파르고 물이 부족한 언덕에 아무것도 자라지 못했지요. 1990년대에 농작물에 물을 대는 관개 기술이 발전하면서 언덕에 나무를 심게 되었고, 갈수록 큰 농장이 들어섰답니다.

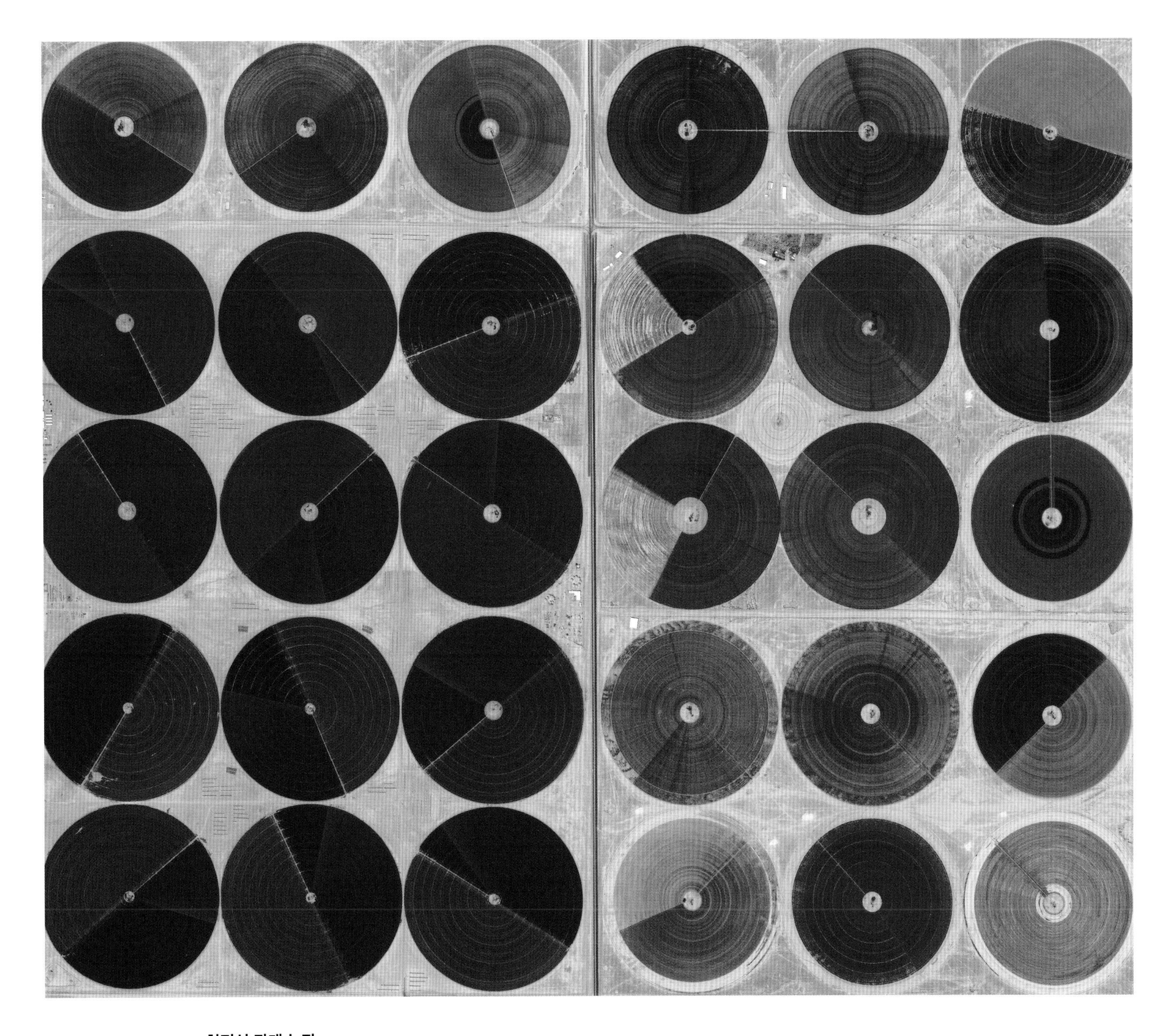

회전식 관개 농장

사우디아라비아의 와디 아시르한 분지에는 회전식 관개 농장이 있어요. 이 관개 기술 덕분에 사람들이 물이 부족한 사막에서도 농작물을 키울 수 있어요. 1986년부터 땅속 깊은 곳에서 물을 퍼 올려 스프링클러가 빙글빙글 돌면서 물을 뿌리고 있지요. 스프링클러가 중앙 모터를 중심으로 회전하며 물을 고르게 뿌려서 작물도 완벽한 원 모양으로 자라나요. 초록빛 원형 농장에는 채소, 과일, 밀이 자란답니다.

수산 양식

중국 남동쪽의 뤄위안만에는 해산물 양식장이 물 위를 뒤덮고 있어요. 물속에는 끈, 가두리, 그물이 서로 연결되어 거대한 구조물을 이루고 있지요. 이곳에서 게, 바닷가재, 가리비, 물고기 같은 해산물을 키워요. 해산물이 시장에서 팔리기 좋은 크기로 자랄 때까지 양식장에서 관리해요. 뤄위안만의 양식장은 6제곱킬로미터로, 남산 면적의 두 배가 넘는 크기랍니다.

비육장

사진에 작은 점처럼 보이는 것은 텍사스주 서머필드에 있는 비육장의 소들이에요. 소의 무게가 295킬로그램이 나가면 소를 비육장으로 옮긴 다음, 도축장으로 보내 고기로 만들지요. 비육장에서는 건초에 옥수수나 콩 같은 곡물을 섞은 특별한 사료를 소에게 먹여 빠르게 살을 찌워요. 이 특별한 사료 덕분에 소의 몸무게가 3-4개월 만에 무려 180킬로그램이나 늘어난답니다! 비육장 위쪽의 빨간 구역은 연못이에요. 연못이 붉게 보이는 이유는 물에서 자라는 조류 때문이지요. 이 조류는 비육장에서 흘러나오는 소의 배설물로 오염된 물에서 아주 잘 자란답니다.

카놀라꽃

매년 2월과 3월이면 중국 뤄핑은 카놀라꽃이 흐드러지게 피어나 황금빛 바다가 된답니다. 꽃이 피기 시작하면 꿀벌을 키우는 양봉가들이 벌통을 들고 찾아와요. 꿀벌은 꽃가루와 꽃꿀을 먹이로 삼고, 그 꽃꿀로 달콤한 꿀을 만들지요. 꽃이 지면, 씨앗을 모아서 살짝 데운 다음, 잘게 부수어 기름을 뽑아내요. 이 기름은 음식을 만들거나 친환경 연료에 사용해요. 씨앗에서 기름을 짜고 남은 찌꺼기를 카놀라박이라고 하는데, 카놀라박은 단백질이 풍부해 동물 사료로 쓰인답니다.

(아래 사진) 땅에서 보면, 노란 카놀라꽃이 가득한 평평한 들판을 원뿔 모양의 언덕들이 감싸고 있어 자연이 그린 한 폭의 수채화를 보는 듯해요.

개화 전

3월

튤립

매년 4월부터 5월 말까지, 네덜란드 리세의 들판에는 다채로운 색의 튤립이 활짝 피어나요. 튤립은 알록달록한 물감으로 들판에 붓질한 듯, 화려한 줄무늬를 그려 내지요. 꽃이 피기 전의 사진처럼, 튤립이 피기 전에는 몇 달 동안 들판의 색이 비교적 화려하지 않고 단조로워요. 네덜란드에서는 해마다 65억 개의 튤립 알뿌리를 생산하며, 이 중 37억 개는 꽃을 잘라서 장식용으로나 꽃다발을 만드는 데 사용하기 위해 땅에 심고 키워요. 나머지는 전 세계로 팔려 나가 네덜란드가 아닌 다른 나라에서 뿌리를 내리고 꽃을 피운답니다.

개화 후
4월

CHAPTER 5

우리의 소중한 터전, 지구

우리가 사는 지역을 우주에서 내려다보면, 깊은 감동이 밀려오고 미처 몰랐던 흥미로운 사실을 발견할 수 있어요. 새로운 시각으로 전 세계의 다양한 생활 환경을 쉽게 비교할 수 있지요. 매우 더운 곳과 매우 추운 곳, 잘사는 곳과 못사는 곳, 사람들이 빽빽이 모여 사는 곳과 사람들이 드문드문 흩어져 사는 곳이 한눈에 들어와요. 기후 변화로 해수면이 올라가면 위험한 해안가나 낮은 지대에 마을을 이루고 사는 사람들도 볼 수 있지요. 또 도시마다 밤에 내뿜는 불빛이 얼마나 밝은지도 관찰할 수 있답니다.

과거에는 도시가 집, 도로, 주차장을 만들기 위해 별다른 계획 없이 제멋대로 뻗어 나가며 성장했어요. 반면에 신도시는 처음부터 꼼꼼하게 계획을 세워 짓고 있지요. 오늘날에는 전 세계 사람들 대다수가 인구 50만 명 이하의 작은 도시부터 인구 1,000만 명에서 2,000만 명에 이르는 거대 도시까지, 온갖 크기의 도시에 살고 있으므로 도시 계획이 어느 때보다 중요해졌어요. 국제연합은 2050년까지 세계 인구의 약 3분의 2가 도시에 살 것으로 내다봐요. 우리는 우주에서 본 도시의 모습을 바탕으로 시민들이 생활하기 편리하면서도 지구에 해를 끼치지 않는 도시를 만들 수 있답니다.

이파네마

이파네마는 브라질 리우데자네이루에 있는 한 동네예요. 이 작은 동네는 이름이 같은 이파네마 해변 덕분에 덩달아 유명해졌지요. 해변에는 인명 구조 감시탑이 일정한 간격으로 세워져 있어, 해변을 여러 구역으로 나누는 역할을 해요. 이 사진은 사람들이 자연과 가까이 살고 싶어 한다는 것을 고스란히 보여 준답니다.

← 요하네스버그

수많은 연구를 통해 사람들이 사는 동네가 부유한지 아닌지는 그 동네에 숲, 풀밭, 공원 같은 녹지 공간과 나무가 얼마나 있는지와 관련 있다는 것을 밝혀냈어요. 자연과 어우러진 동네일수록 잘사는 동네일 수 있어요. 사진에 부자 동네와 가난한 동네가 길 하나를 사이에 두고 바짝 붙어 있는데, 이는 보기 드문 모습이지요. 남아프리카의 부유한 동네 블루보스란드에는 나무가 늘어선 도로를 따라 널찍한 땅을 차지한 고급 주택이 들어서 있고, 수영장을 갖춘 집이 많아요. 그리고 바로 길 건너편에 있는 가난한 동네 키아 샌즈에는 근처의 더러운 개울물을 흘려보내는 길을 따라 다닥다닥 붙은 판잣집이 빼곡히 들어차 있답니다.

델리 →

3,200만 명이 넘는 사람들이 살고 있는 인도 델리는 세계에서 두 번째로 인구가 많은 도시예요. 델리의 산토시 파크 같은 가난한 동네에서는 녹지 공간을 찾기가 어려워요. 사람들이 빽빽이 몰려 사는 지역에는 나무를 심거나 공원을 만들 자리가 부족하거든요.

브론비 하브비 →

브론비 하브비는 덴마크의 코펜하겐 근교에 있는 주거 공동체로, 집들이 동그랗게 모여 있는 원형 마을이에요. 피자 조각처럼 생긴 땅에 하나씩 들어선 집들이 원을 그리며 하나의 마을을 이루고 있는 느낌이에요. 피자 모양의 마을 한가운데에는 막다른 길이 있어 차가 마을을 통과할 수 없고 들어간 길로 다시 나와야 해요. 모든 집 앞에는 넓은 정원이 펼쳐져 있어서, 텃밭을 가꿔 작물을 수확할 수 있답니다.

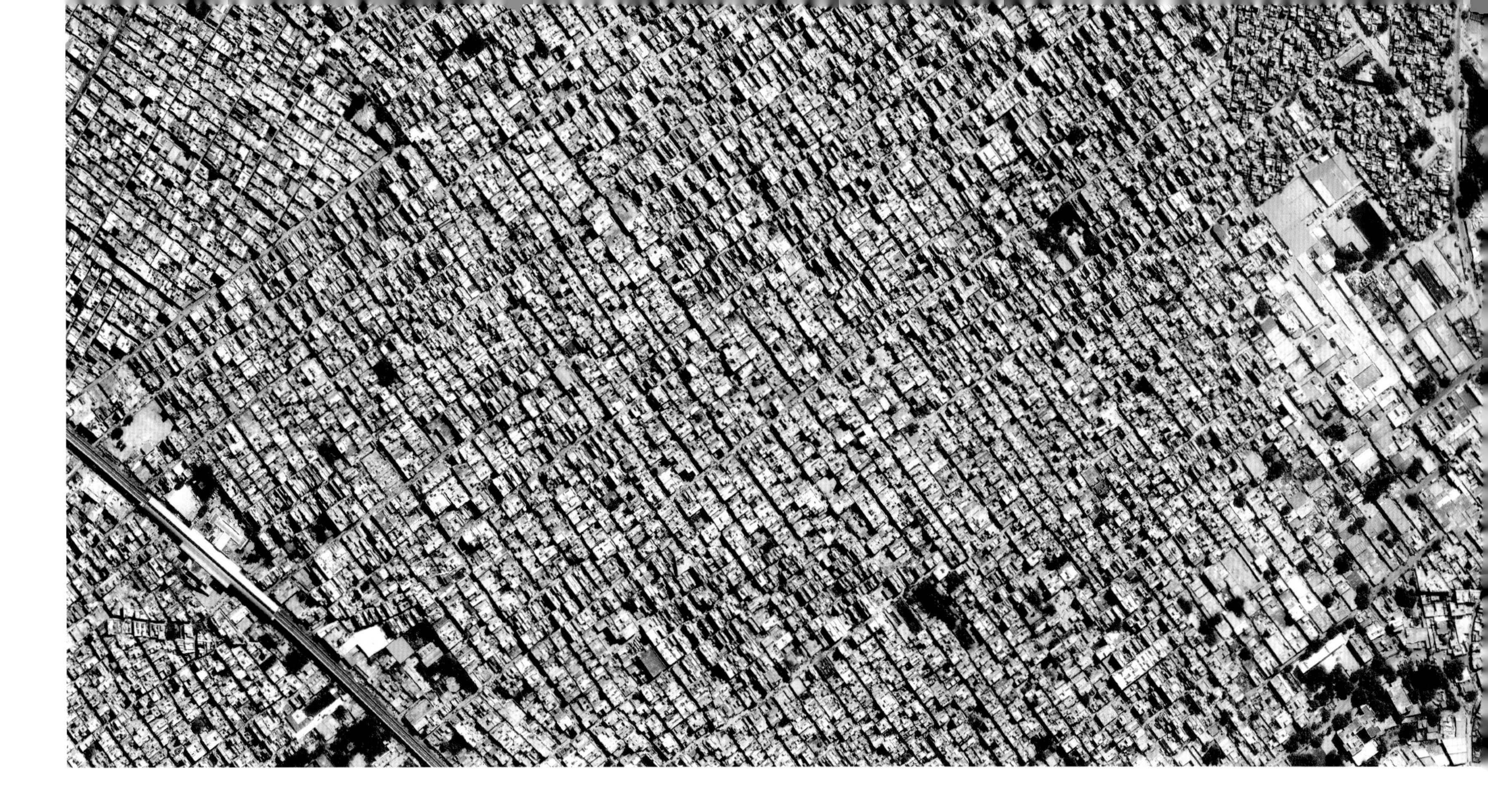

← 롱이어비엔

노르웨이 스발바르 제도의 롱이어비엔은 지구상에서 가장 북쪽에 있는 마을로, 인구가 2,600명이 넘어요. 이 외딴 마을은 여름에도 가끔 물이 얼 정도로 추운 날이 있고, 겨울에는 영하 30까지 내려가지요. 1906년 존 롱이어라는 미국인이 스발바르 제도에서 석탄을 캐기 위해 이곳에 석탄 회사를 세웠고, 자신의 이름을 딴 마을을 만들어 회사 직원과 직원 가족이 살게 했답니다.

마라베 알 다프라 →

아랍에미리트 아부다비에 있는 마라베 알 다프라는 사람이 살기에 엄청나게 더운 곳이에요. 가장 더운 계절인 5월부터 9월까지는 기온이 43도까지 자주 치솟기도 해요. 이 마을에는 사람들이 2,000명 정도 살고 있는데, 주로 근처 석유와 가스를 생산하는 시설에서 일하는 직원과 그 가족이지요. 2017년, 마침내 마을에 첫 번째 주유소가 생겼고 그 이후로 슈퍼마켓이 하나둘 생기면서 사람들은 예전처럼 20킬로미터를 이동하지 않아도 식료품과 생활용품을 살 수 있게 되었답니다.

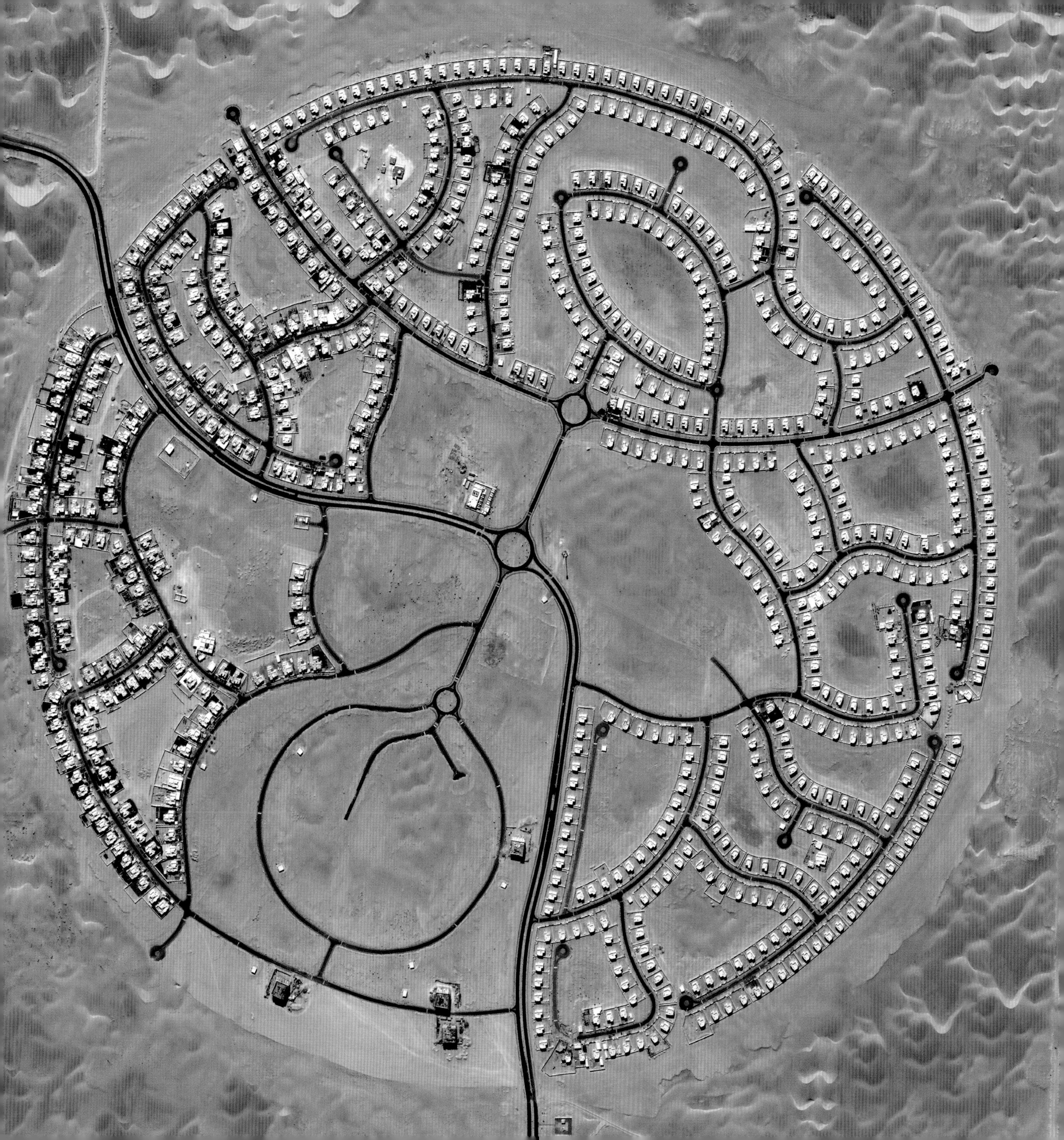

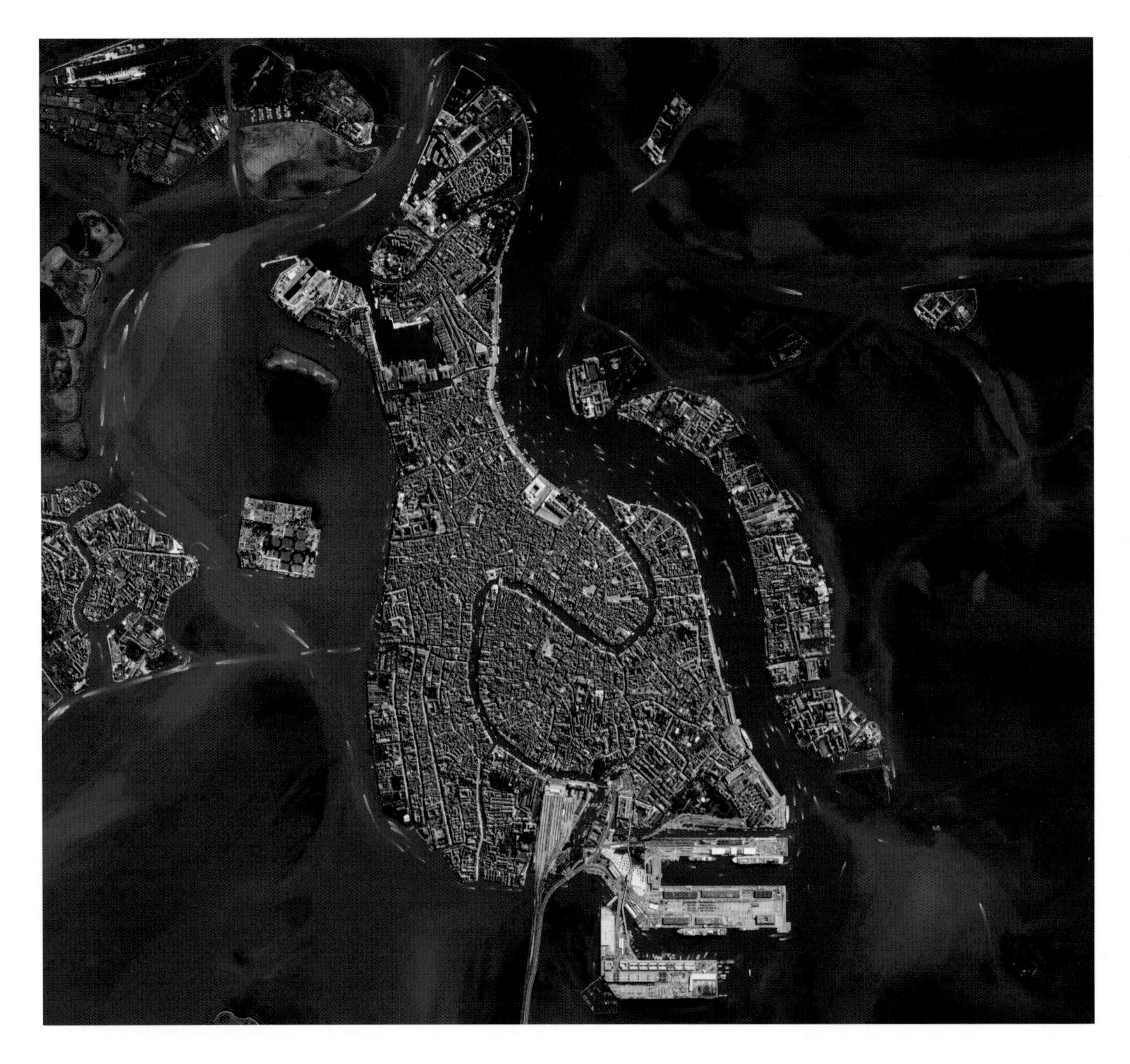

베네치아

이탈리아의 베네치아는 118개의 작은 섬 위에 지어진 도시예요. 이 섬들이 육지에 파 놓은 물길인 운하로 나뉘어 있고, 수많은 다리로 이어져 있어 베네치아는 '다리의 도시'라는 별명을 얻었지요. 물길은 베네치아만의 독특하고 아름다운 풍경을 자아내지만, 홍수가 나면 도시가 물에 잠길 위험을 높이기도 해요. 과학자들은 2100년까지 지중해의 해수면이 최대 1.5미터 올라갈 것이라고 예상해요. 베네치아 석호에는 바닷물이 드나드는 입구가 세 군데 있는데, 이 입구마다 거대한 수문을 설치했어요. 수문은 해수면이 상승할 때 바닷물이 석호를 거쳐 도시로 흘러들지 않도록 막아 주는 장벽인 셈이지요. 하지만 한동안 자금이 충분하지 않아서 수문을 올려 바닷물의 흐름을 차단하는 기능을 사용하지 못하다가, 2020년부터 수문 시스템이 제대로 작동해서 홍수 피해를 여러 차례 막아 내고 있답니다.

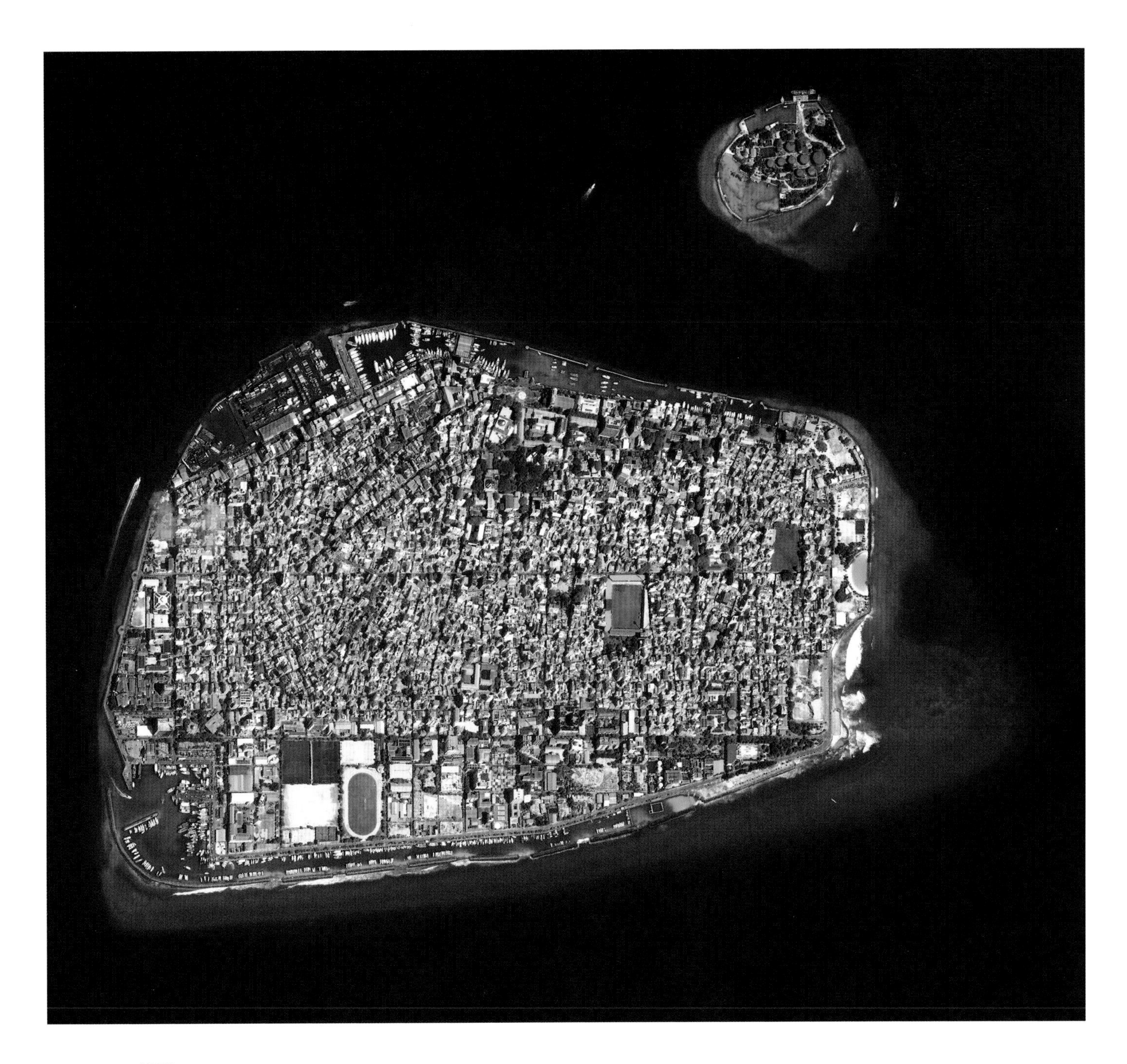

말레

말레는 인도양에 있는 1,192개의 섬으로 이루어진 몰디브의 수도이자 몰디브에서 사람이 가장 많이 사는 도시예요. 세계에서 땅이 평평하기로 첫손에 꼽히는 몰디브는 국토의 80퍼센트가 해수면보다 고작 0.9미터 높아요. 그래서 바닷물이 조금만 올라가도 섬이 물에 잠길 우려가 있답니다. 6.35제곱킬로미터 땅에 25만 명이 넘는 사람들이 사는 말레에서 해수면 상승은 큰 걱정거리예요. 말레는 울릉도의 약 12분의 1 크기지만 인구는 약 28배에 이르는, 세계적으로 인구밀도가 높은 도시예요.

파리

프랑스 파리의 거리 계획과 독특한 외관은 나폴레옹 3세가 의뢰하고 조르주 외젠 오스만이 설계한 공공사업 프로그램의 결과물이에요. 1853년부터 1870년까지, 오스만을 중심으로 다양한 분야의 전문가로 구성된 팀은 좁고 혼잡하며 위생 상태가 나쁜 중세 도시를 허물었지요. 도시 전체에 걸쳐 하수도 시스템, 공원, 광장을 만들고, 가로수가 늘어선 넓은 도로를 대각선 방향으로 뻗어나가게 했어요. 위에서 보면 이 독특한 거리 패턴이 84쪽 사진의 왼쪽 윗부분처럼 별 모양으로 보이는데, 이곳을 '별의 광장'이라고 한답니다.

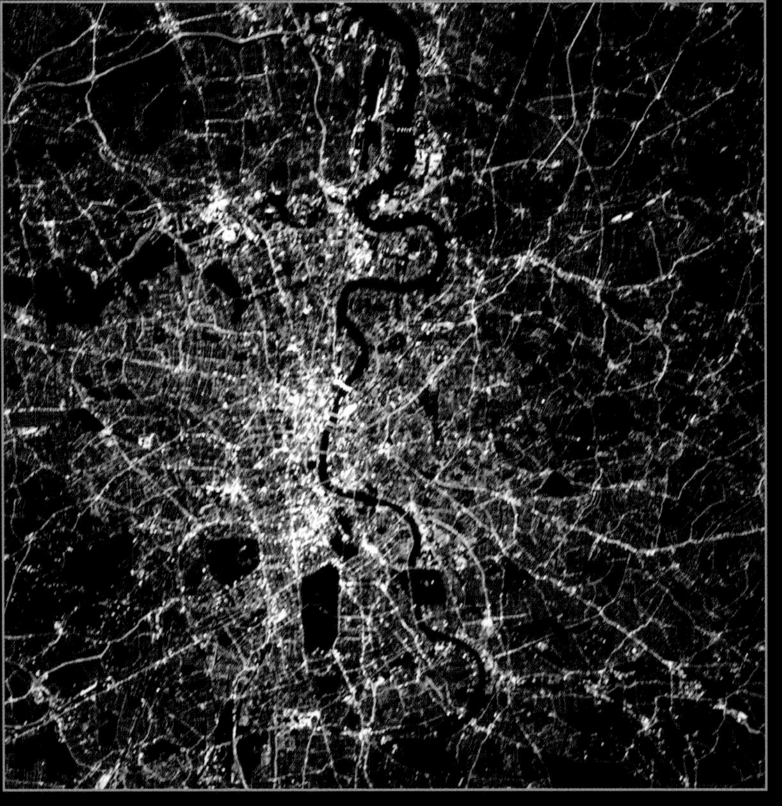

도시가 빛나는 밤에

런던 - 인구: 약 970만 명

우주에서 보면, 영국 런던의 밝은 불빛은 런던을 뱀처럼 구불구불 가로질러 흐르는 템스강을 중심으로 도시가 어떻게 형성되었는지 보여 주지요.

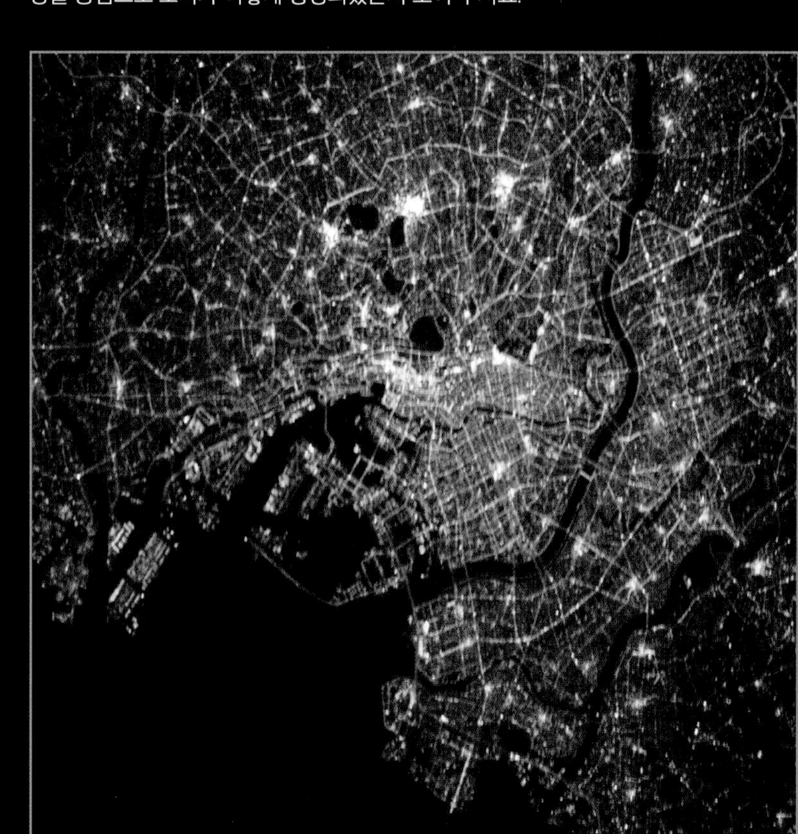

도쿄 - 인구: 약 980만 명

일본의 도쿄는 세계 어느 도시보다 화려한 네온사인을 자랑해요. 거울밤에도 빌딩에 장식된 LED 조명 장치가 반짝반짝 빛나고, 메구로강 변의 나무에 걸린 핑크빛 조명이 봄날의 벚꽃을 연상시키며 눈부시게 피어나지요.

이스탄불 - 인구: 약 1,600만 명

튀르키예의 이스탄불에서 내뿜는 불빛은 보스포루스 해협을 중심으로 두 부분으로 나뉘어요. 보스포루스 해협은 마르마라해와 흑해를 이어 주고, 도시의 두 대륙을 잇는 주요한 물길이지요.

시카고 - 인구: 약 260만 명

미국 일리노이주의 시카고는 밤에 쉽게 알아볼 수 있어요. 깜깜한 미시간 호수의 가장자리를 따라 도로가 바둑판처럼 촘촘히 펼쳐져 있기 때문이지요.

CHAPTER 6

지구 품 안에서 연결된 세상

사람들이 한곳에 머물러 마을이나 도시를 이루고 살기 시작하면서 다른 장소와 연결될 방법을 찾아야 했어요. 처음에는 말, 마차, 작은 배로 시작한 이동 수단이 이제는 자동차, 트럭, 기차, 비행기, 큰 배로 발전하여 세계 곳곳으로 사람과 물건을 실어 나르고 있지요. 이처럼 교통수단이 발달하면서 오솔길, 흙길, 좁은 뱃길로 충분하지 않아 포장도로, 고속도로, 철길, 바닷길, 하늘길을 새로 만들었어요. 그 덕분에 세상이 전보다 작아지고 사람들이 서로 연결된 것처럼 느껴진답니다.

사람들이 이동할 때 잠시 모였다가 저마다 다른 곳으로 떠나는 교통의 중심지와 여러 갈래의 도로가 만나는 교차로는 워낙 거대해서 우주에서도 보여요. 교통은 우리를 새로운 장소에 데려가고, 새로운 문화를 경험하게 하지요. 또 우리가 사는 사회를 발전시키고 세계를 하나로 묶는 중요한 역할을 한답니다.

하지만 우리는 편리하게 다니고 물건을 손쉽게 나르기 위해 땅에 아스팔트를 덮고, 나무를 베어내고, 야생 동물의 서식지를 파괴하고, 이산화탄소를 내뿜는 교통수단을 이용하면서 지구 환경에 큰 피해를 주지요. 교통수단과 그 부품들도 오래 사용하면 낡거나 고장이 나서 쓰레기로 버려지기 때문에 재활용해야 해요. 사람을 이토록 먼 곳까지 데려다주는 교통수단을 발명한 그 혁신적인 아이디어와 도전 정신으로, 머지않아 지구에 해를 끼치지 않는 새로운 교통수단도 만들어 낼 수 있을 거랍니다.

스쿨버스 공장

스쿨버스는 미국 오클라호마주의 털사에 있는 조립 공장에서 만들어요. 미국에서는 1939년에 스쿨버스를 눈에 잘 띄는 노란색으로 칠하도록 법으로 정했어요. 최근 들어 날씨가 더운 지역에서 운행하는 버스는 지붕을 흰색으로 칠하고 있지요. 흰색은 햇빛을 반사해서 버스의 내부 온도를 최대 10도까지 낮추는 것으로 밝혀졌답니다.

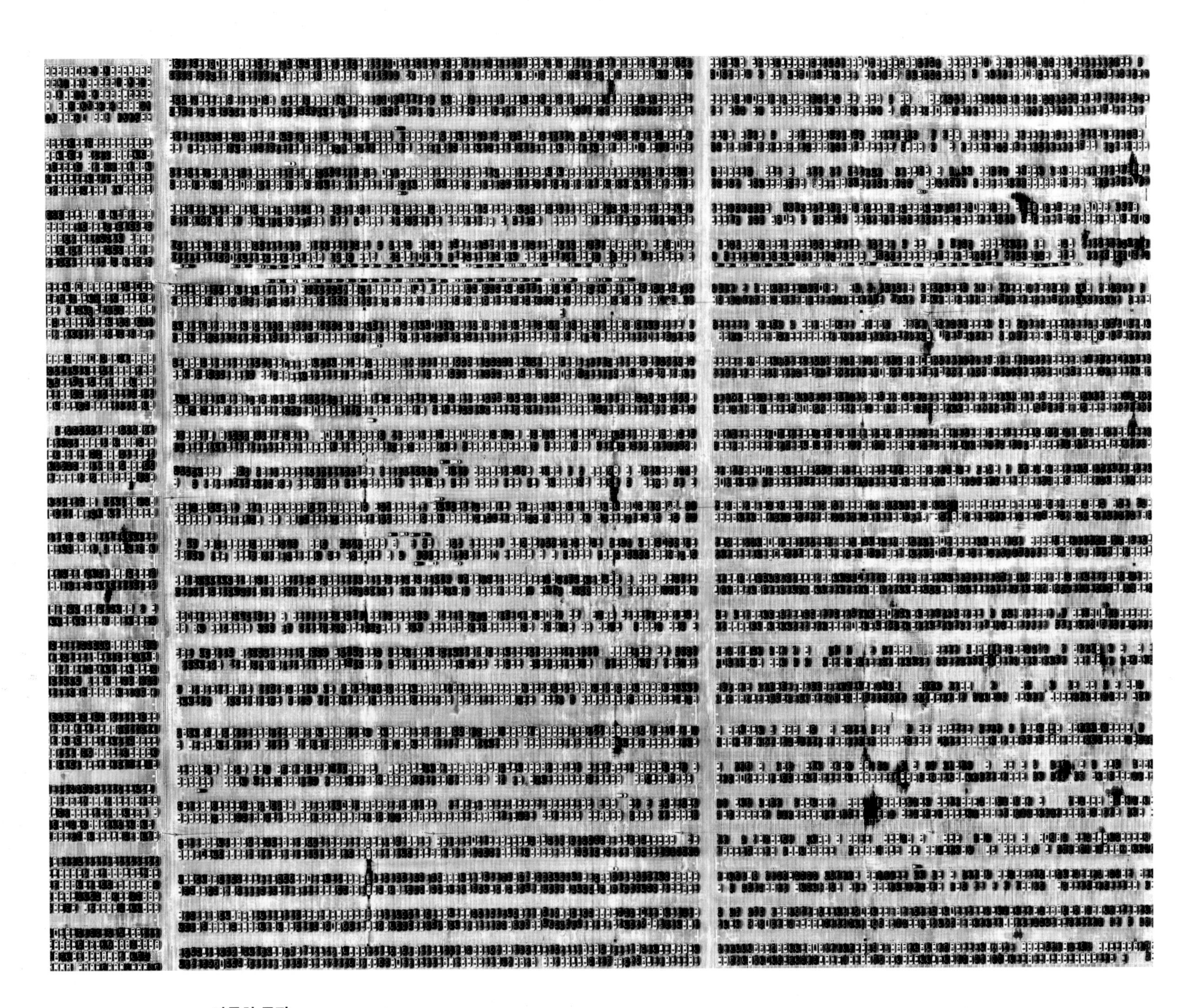

자동차 공장

미국 앨라배마주의 몽고메리에는 한국의 자동차 회사인 현대자동차 공장이 있는데, 그 옆에 수많은 자동차가 줄지어 주차되어 있어요. 현대자동차 공장에서는 해마다 30만 대가 훌쩍 넘는 자동차를 생산하고 자동차의 핵심 부품인 엔진도 직접 만들지요. 2018년, 미국에 등록된 차량은 약 2억 7,600만 대였고 해마다 더 늘어나고 있습니다. 등록된 전체 차량 가운데 약 44퍼센트가 승용차였답니다.

타이어 폐기장

세계에서 가장 큰 타이어 폐기장은 미국 콜로라도주 허드슨에 있어요. 이 폐기장에는 깊이가 15미터인 구덩이가 여러 개 있는데, 무려 6,000만 개에 이르는 폐타이어가 구덩이를 채우고 있지요. 전 세계적으로 매년 약 15억 개의 타이어가 버려져요. 그러면 이렇게 산더미처럼 쌓인 타이어를 어떻게 처리하는 걸까요? 어떤 지역에서는 타이어를 불에 태워서 연료로 사용했어요. 하지만 타이어를 태우면 환경을 심각하게 오염시키기 때문에 이제는 그런 방법으로 폐기하지 않지요. 타이어를 잘게 잘라서 도로를 포장하는 데 쓰는 아스팔트나 건물을 짓는 데 쓰는 시멘트에 섞어서 사용하기도 해요. 이렇게 타이어를 재활용하면 시멘트가 갈라지는 것을 막아 주어 건물도 튼튼해지고 환경도 보호된답니다.

나르도 링 ↑

나르도 링은 이탈리아 나르도에 있는 원형 자동차 트랙이에요. 길이는 약 13킬로미터로, 자동차가 얼마나 빨리 달릴 수 있는지 시험하는 곳이지요. 1975년 이탈리아의 자동차 회사인 피아트가 나르도 링을 만들었지만, 나중에 독일의 자동차 회사인 포르쉐가 사들였고 현재는 다른 자동차 회사들도 같이 사용하고 있어요. 보통 나르도 링에서는 자동차가 시속 240킬로미터까지만 속도를 낼 수 있어요. 하지만 트랙을 혼자 사용하기로 독점 계약을 맺은 회사는 더 빠른 속도로 달릴 수 있답니다.

← **롬바드 스트리트**

미국 캘리포니아주의 샌프란시스코에 있는 롬바드 스트리트는 "세계에서 가장 구불구불한 길"로 유명해요. 놀랍게도 이 꼬부랑 언덕길은 원래 일자로 곧게 뻗은 자갈길이었지만, 시간이 지나면서 자동차를 타는 사람이 많아지자 너무 가팔라 운전하기가 힘들었지요. 1922년에 이 길을 포장할 때, 자동차가 안전하게 다닐 수 있도록 사진 속 구간에 아주 급하게 꺾이는 커브를 여덟 개 만들었답니다.

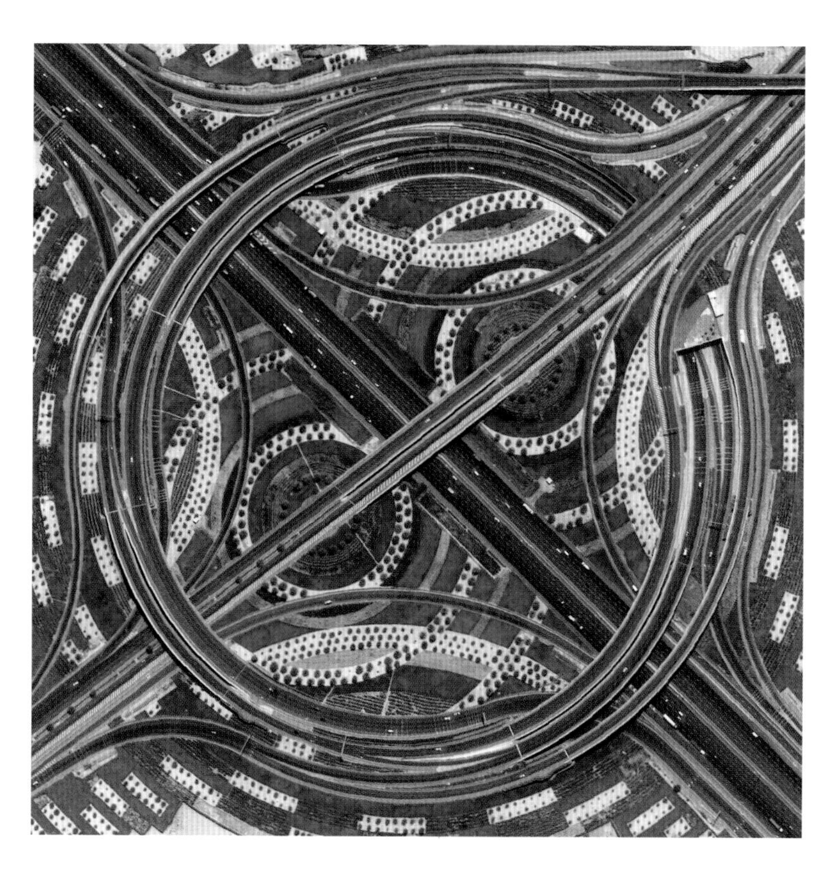

소용돌이 갈림목 ↑

갈림목이란 두 개 이상의 고속도로가 만나 서로 연결되는 곳이에요. 아랍에미리트 두바이의 미라클 가든 근처에는 소용돌이 갈림목이 있어요. 빙빙 돌며 한데 엉켜 있는 고속도로와 고속도로를 드나드는 출입 차선이 직선으로 쭉 뻗은 12차선 고속도로를 가로지르는 구조라서 이런 이름이 붙었답니다.

터빈 갈림목 ↑

미국 플로리다주의 잭슨빌에 있는 두 고속도로를 이어 주는 갈림목은 터빈 갈림목이에요. 빙글빙글 도는 터빈의 날개처럼 도로가 큰 원을 그리듯 부드럽게 휘어져 있어 차가 속도를 많이 줄이지 않고 쉽게 방향을 바꿀 수 있지요. 그래서 차량이 많이 몰려도 도로가 잘 막히지 않아요. 하지만 터빈 갈림목을 만들려면 넓은 땅이 필요해서 이런 구조는 흔히 볼 수 없답니다.

인먼 야드

인먼 야드는 미국 조지아주의 애틀랜타에 드나드는 화물 열차를 주로 관리하는 철도 기지예요. 이곳은 석탄을 주요 화물로 실어 나르는 회사인 노퍽 서던이 운영해요. 이 철도 회사는 미국의 22개 주와 워싱턴 D.C.를 가로지르는 철도를 운행하지요. 길이가 3만 2,187킬로미터에 이르는데, 서울에서 부산까지 40번이나 왕복하는 거리예요. 노퍽 서던은 북아메리카에서 손꼽히는 대형 철도 회사로, 철도 차량을 아주 많이 가지고 있어요. 2만 1,000대가 넘는 석탄 차량을 포함해 7만 2,560대의 화물 열차와 4,073대의 기관차가 있답니다.

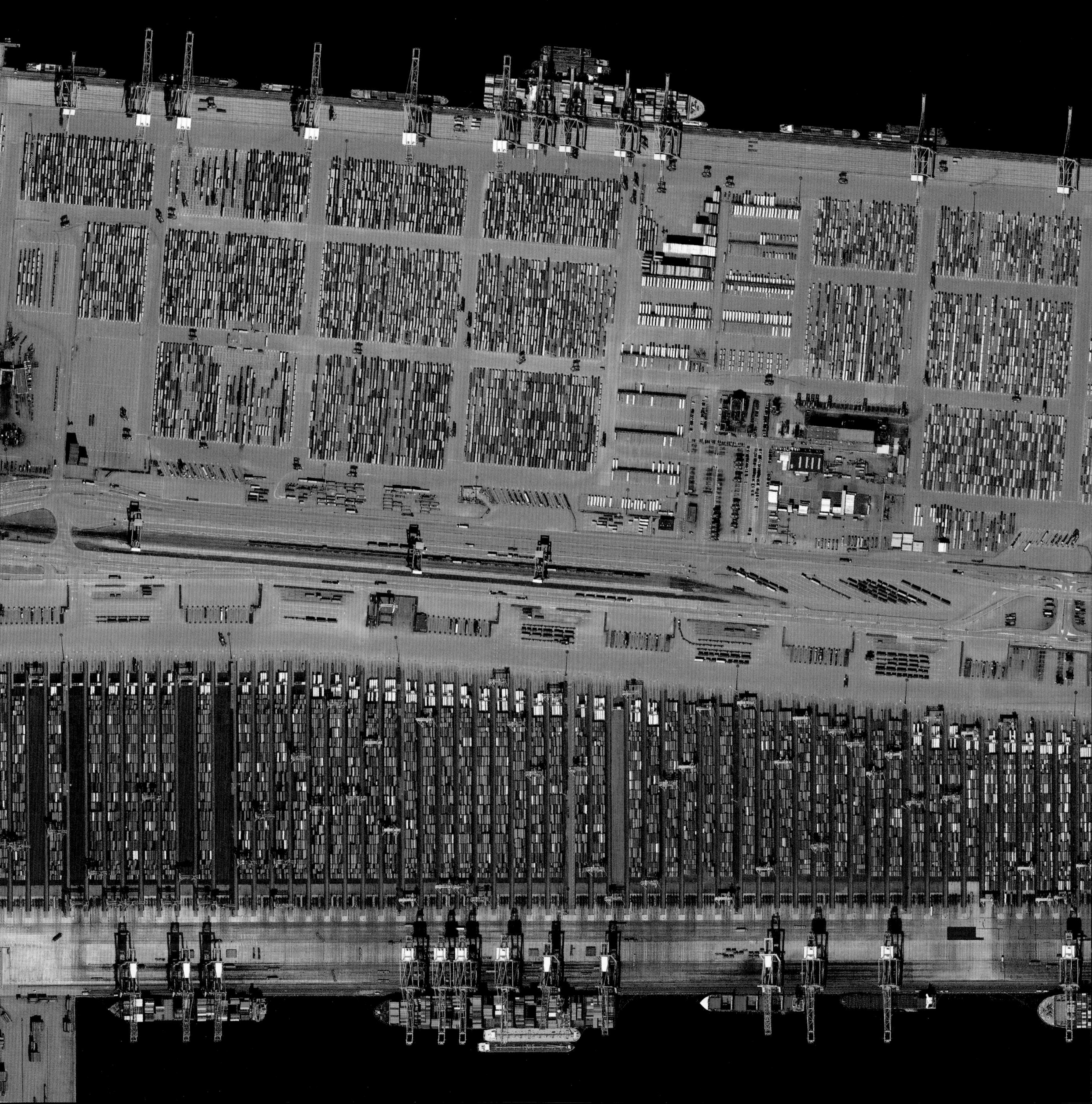

로테르담 항구

네덜란드의 로테르담 항구는 1962년부터 2004년까지 세계에서 화물을 가장 많이 처리했어요. 한때 세계에서 가장 바쁜 항구로 이름을 떨쳤지만 그 지위를 먼저 싱가포르에 내준 다음, 결국 중국의 상하이에 넘겨주고 말았지요. 그렇지만 여전히 유럽에서 가장 큰 항구로 자리매김하고 있어요. 사진에 보이는 거대한 컨테이너 선박들은 무게가 최대 30만 톤, 길이가 최대 366미터에 이르지요. 이는 에펠탑 약 40개의 무게, 축구장 3-4개를 이어 붙인 길이와 맞먹는답니다! 사진에 보이는 다채로운 색깔의 조그만 직사각형들은 각각 길이 6미터, 너비 3미터인 금속 컨테이너예요. 안에 물품을 가득 채운 컨테이너들은 선박에 실려 세계 여러 나라로 보내진답니다.

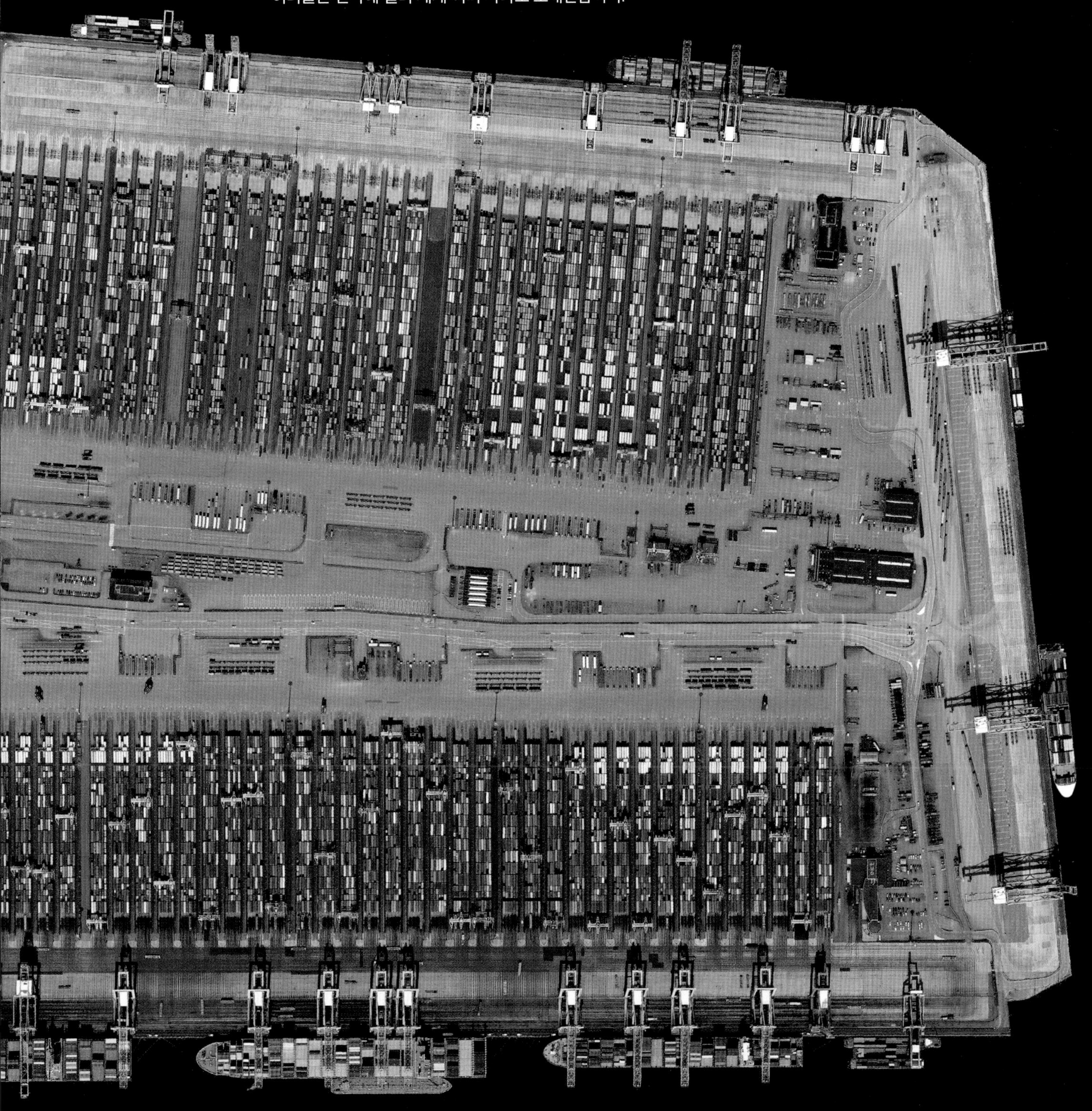

← 싱가포르 항구

물건을 싣는 화물선과 기름을 싣는 유조선이 싱가포르 항구에 들어가려면 기다려야 할 때가 많아요. 항구가 워낙 바빠서 배가 2-3분에 한 척씩 드나들고, 언제 봐도 1,000척 정도는 늘 정박해 있거든요. 그러니 싱가포르 항구가 2005년 이후로 세계에서 가장 바쁜 항구 1-2위를 다투는 것은 당연해요. 이 항구가 이토록 바쁜 이유 중 하나는 어마어마하게 크고 무거운 배들이 쉽고 안전하게 드나들 수 있게 시설이 잘 갖춰져 있으며 바닷물도 깊기 때문이랍니다.

선박 해체장 →

치타공 선박 해체장은 방글라데시 벵골만의 해안선을 따라 18킬로미터에 걸쳐 자리 잡고 있어요. 이곳은 세계에서 엄청나게 큰 선박 해체장 가운데 하나로, 먼바다를 누비던 거대한 배들이 수명을 다하면 이곳으로 모여들기 때문에 '배들의 무덤'이라고도 하지요. 20만 명이 넘는 노동자들이 토치램프, 대형 망치, 금속 절단기로 배를 분해해서 강철이나 다른 금속으로 된 부품을 떼어 내 재활용해요. 치타공에서는 해마다 230척에 이르는 선박을 재활용해요. 배 한 척을 손으로 분해하려면 몇 달이 걸리지만, 이곳에서는 사람을 쓰는 데에 드는 비용이 저렴해서 배를 많이 분해할 수 있지요. 하지만 노동자들이 위험한 기계를 사용하고 독한 화학물질에 노출되는 환경에서 일하기 때문에, 다치는 사람이 많고 심지어 목숨을 잃는 사람도 있어요. 2018년 노동자의 안전을 책임지지 않는 회사에 벌을 주는 법이 만들어졌답니다. 앞으로 노동자의 작업 환경과 생활이 더 나아지면 좋겠어요.

비행기 공장

미국 워싱턴주의 에버렛에 있는 보잉 공장은 보잉 회사가 비행기를 만드는 곳으로, 세계에서 가장 규모가 커요. 메인 조립 건물만 해도 어찌나 크고 넓은지 축구장 75개가 다 들어갈 정도랍니다! 직원 2만 8,000명은 공장에 마련된 어른용 세발자전거 450대를 타고 굉장히 넓은 공장을 빠르게 돌아다녀요. 건물이 막힌 데 없이 탁 트인 구조라서 엄청나게 거대한 비행기를 실내에서 조립할 수 있지요.

댈러스 포트워스 국제공항

미국 텍사스주에 있는 댈러스 포트워스 국제공항은 면적이 약 77제곱킬로미터로, 울릉도보다 넓어요. 이 공항은 세계에서 승객이 많이 붐비는 바쁜 공항으로 2022년에는 2위, 2023년에는 3위를 차지했어요. 2023년 한 해에 무려 8,200만 명이나 이곳을 다녀갔답니다.

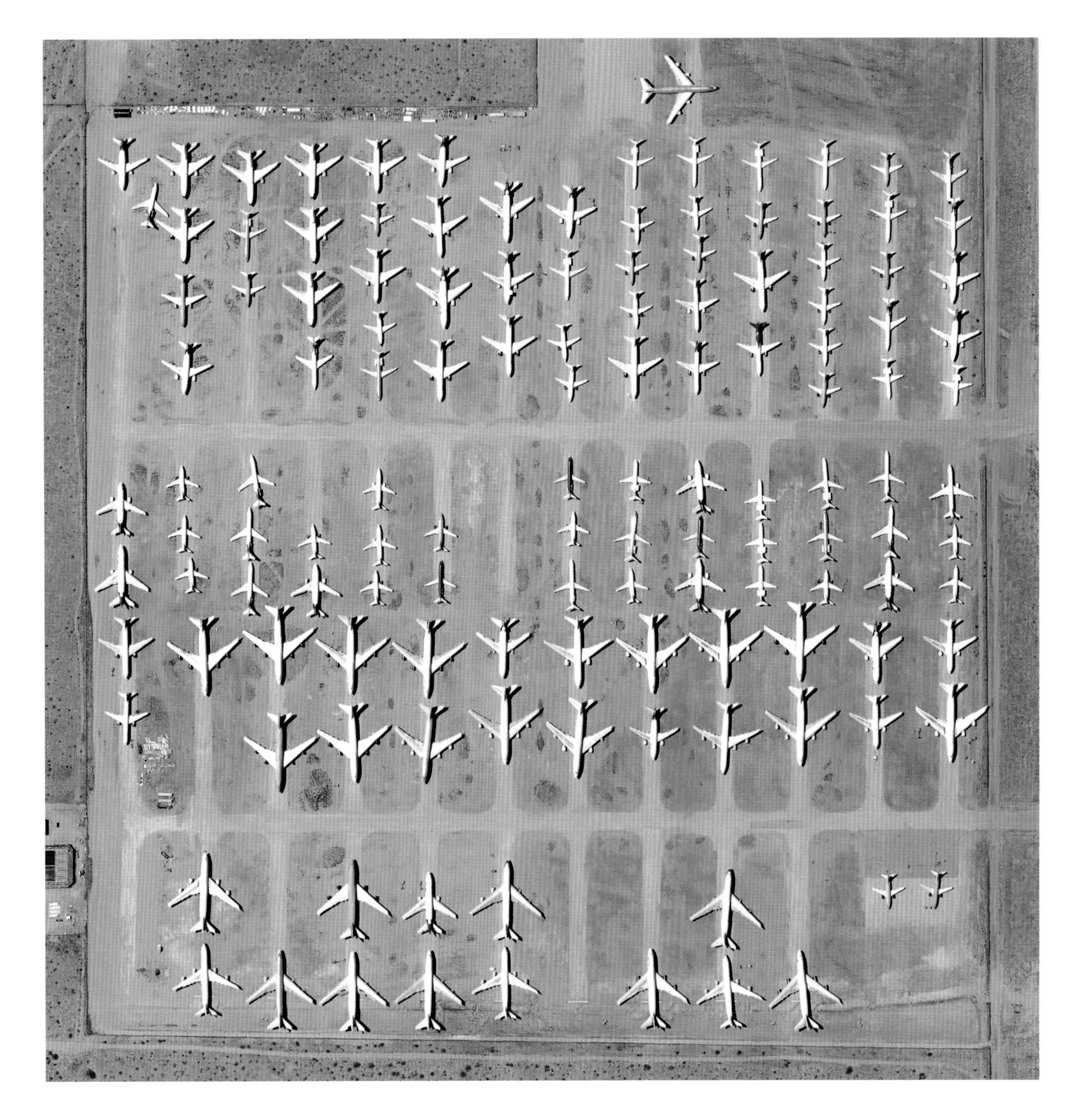

비행기 폐기장

미국 캘리포니아주의 빅터빌에는 남부 캘리포니아 물류 공항이 있어요. 이 공항에는 수명을 다해 이제는 날지 않는 비행기 약 300대를 보관하는 장소가 있지요. 비행기 무덤이라고 불리는 이곳은 모하비 사막에 있어요. 따뜻하고 건조한 기후 덕분에 비행기를 녹슬거나 손상되지 않은 상태로 오래 보관할 수 있지요. 비행기를 보관하는 동안 신경 써서 꼼꼼하게 관리해요. 창문을 알루미늄으로 덮고, 안에 있는 액체를 모두 빼내고, 엔진을 분리하지요. 그런 다음, 비행기에서 전자 장비나 고철 같은 부품을 떼어 내 귀중한 자원으로 다시 사용한답니다.

CHAPTER 7

아낌없이 주는 지구

우리가 매일 하는 거의 모든 일에는 에너지가 필요해요. 에너지는 집에 불을 켤 때, 휴대전화를 사용할 때, 게임 할 때, 운전할 때, 요리할 때 쓰이지요. 우리는 에너지를 얻기 위해 땅 위를 걷어내고, 땅을 깨뜨리고, 땅 밑을 파고, 땅속에서 퍼 올리는 등 온갖 방법으로 필요한 원료를 찾아내요. 이렇게 얻은 자원을 전 세계 여러 나라로 보내면 필요한 것만 깨끗하게 걸러 내고 쓸모 있게 만드는 과정을 거쳐 우리가 사용하는 에너지원이 된답니다.

땅속에 묻힌 자원을 캐내는 장소는 자연 풍경과 뚜렷이 구별되는 특징으로 우주에서도 눈길을 끌어요. 우리가 일상에서 쓰는 물건의 원료가 어디서 오는지 알면 무척 신기해요. 하지만 지구를 벗겨 내고 파헤치면 자연에서 보기 힘든 상처 자국과 인공적인 색을 남기지요. 에너지를 얻기 위해 땅 밑에 묻힌 화석연료를 꺼내 태우면 이산화탄소가 뿜어져 나와 공기를 오염시키고 기후 변화에 영향을 미쳐요. 게다가 물건을 쓰고 버릴 때 지구에 더 많은 문제를 일으킨답니다.

여기서 다룰 자원은 무한하지 않아서 계속 쓸 수 없어요. 또 자원을 함부로 써서 파괴된 자연을 원래 상태로 되돌리는 데도 한계가 있지요. 그러니 풍력이나 태양광처럼 끝도 없이 쓸 수 있고 지구에 큰 피해를 주지 않는 에너지원으로 바꿔야 해요. 아울러 다른 자원도 꼭 필요한 데만 아껴 써야 한답니다. 지구의 미래는 우리 손에 달려 있거든요.

석탄 터미널

중국 친황다오 항구에 있는 석탄 터미널은 석탄을 모아 다른 지역으로 실어 나르는 장소로, 세계 최대의 석탄 운송 시설이에요. 이곳에서 해마다 석탄 2억 1,000만 톤을 중국 남부 곳곳에 있는 발전소로 보내지요. 중국 전체에서 사용하는 전기의 약 70퍼센트는 석탄을 태워 전기를 얻는 화력 발전소에서 만든답니다.

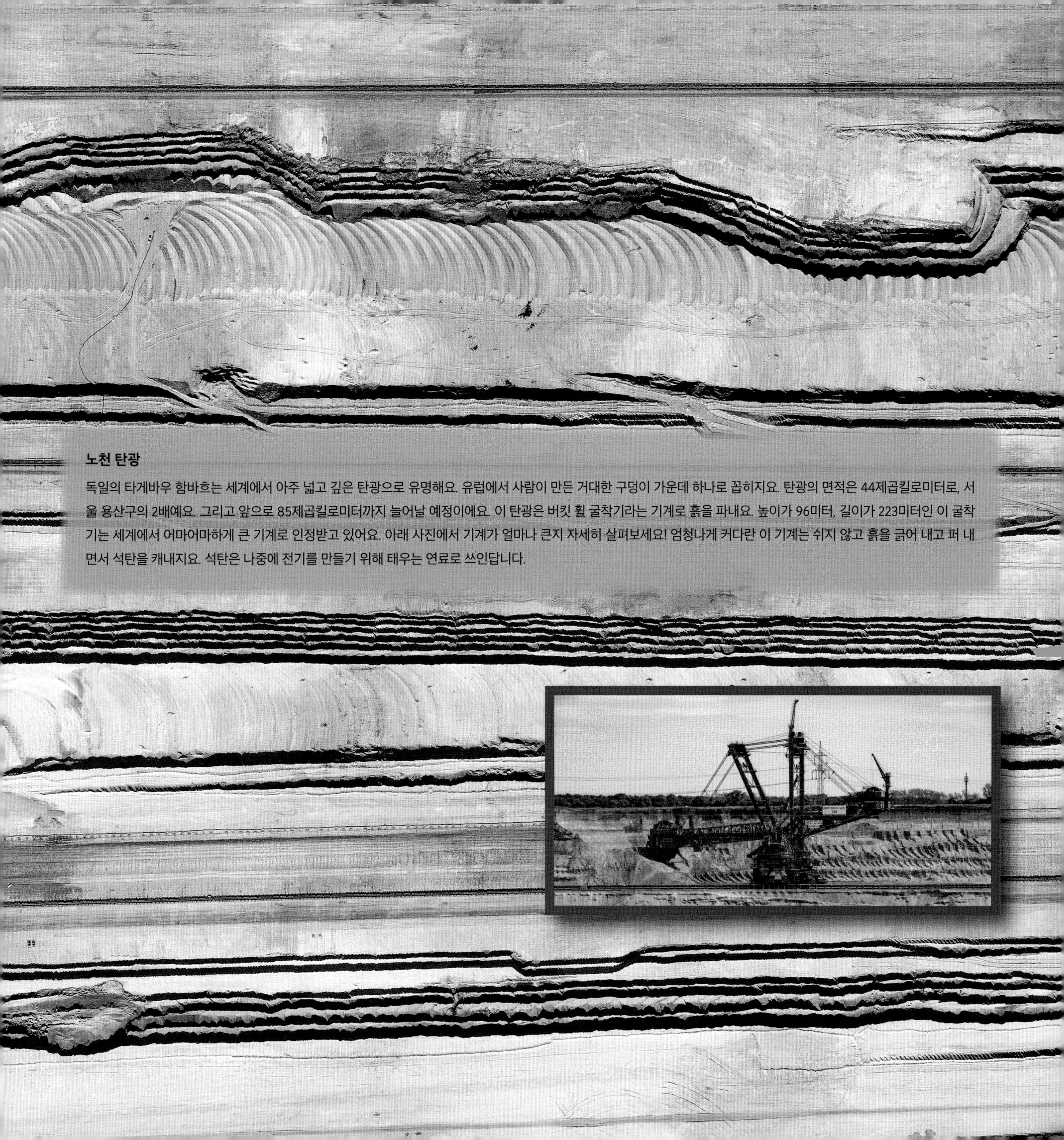

노천 탄광

독일의 타게바우 함바흐는 세계에서 아주 넓고 깊은 탄광으로 유명해요. 유럽에서 사람이 만든 거대한 구덩이 가운데 하나로 꼽히지요. 탄광의 면적은 44제곱킬로미터로, 서울 용산구의 2배예요. 그리고 앞으로 85제곱킬로미터까지 늘어날 예정이에요. 이 탄광은 버킷 휠 굴착기라는 기계로 흙을 파내요. 높이가 96미터, 길이가 223미터인 이 굴착기는 세계에서 어마어마하게 큰 기계로 인정받고 있어요. 아래 사진에서 기계가 얼마나 큰지 자세히 살펴보세요! 엄청나게 커다란 이 기계는 쉬지 않고 흙을 긁어 내고 퍼 내면서 석탄을 캐내지요. 석탄은 나중에 전기를 만들기 위해 태우는 연료로 쓰인답니다.

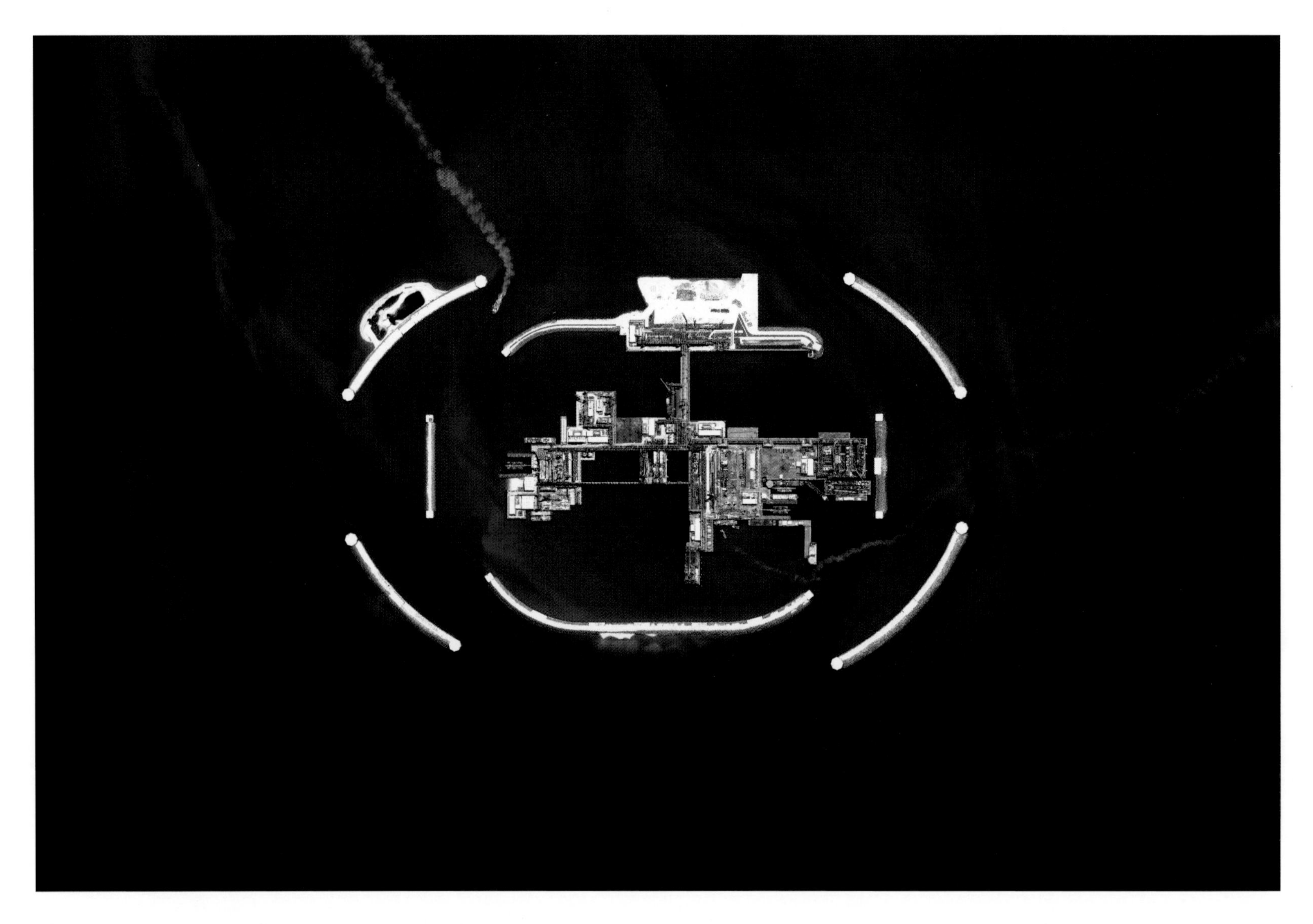

석유 플랫폼 ↑

카샤간 석유 플랫폼은 카자흐스탄에 속한 카스피해에 있어요. 이 거대한 구조물은 바다 밑바닥에서 4,200미터 아래에 석유가 모여 있는 암석 틈에서 석유를 뽑아 올려요. 겨울철에 매서운 추위가 몰려오고 두꺼운 얼음이 바다를 덮어 이 플랫폼을 짓는 데 13년이 걸렸어요. 그런데 운영을 시작한 지 3개월 만에 송유관에서 석유가 새어 나와 3년 동안 문을 닫았어요. 2016년에 다시 문을 열었고, 2018년에는 하루에 30만 배럴의 석유를 안정적으로 생산했지요. 그 이후 생산량이 꾸준히 늘어나 2024년 1월에는 무려 1억 톤이 넘었답니다.

석유 굴착 장치 →

러시아의 페초라해에는 바다 깊숙이 구멍을 뚫어 석유를 뽑아내는 프리라즐롬노예 석유 굴착 장치가 있는데, 혹독한 추위에 잘 견디고 얼음이 많이 생겨도 끄떡없지요. 바다에 떠 있는 이 구조물은 면적이 126제곱미터로, 대략 교실 2개만 한 크기이며 바다 밑바닥에 단단히 고정되어 있거든요. 그리고 석유를 퍼 올리는 곳 주변을 두꺼운 벽으로 감싸서 석유가 바다로 새어 나가 바닷물이 오염되지 않게 해 줘요. 환경 보호론자들은 석유가 바다로 흘러나와 북극 지역에 심각한 피해를 줄까 봐 걱정해요. 하지만 땅속에 6억 1,000만 배럴이 넘는 석유가 묻혀 있는데, 이 귀중한 자원을 쓰지 않고 내버려두면 아깝다는 의견도 팽팽히 맞서고 있답니다.

정유 공장

한국의 울산 정유 공장은 세계에서 세 번째로 규모가 커요. 정유 공장에서는 땅속에서 퍼 올린 천연 그대로의 원유에서 연료로 쓰기에 알맞지 않은 불순물을 걸러 내요. 이처럼 원유를 깨끗하게 만들어 우리가 사용하는 연료로 바꾸는 과정을 정제라고 하지요. 정유 공장은 한국에 있지만 원유는 중동, 남아메리카, 아프리카, 미국에서 유조선이라는 초대형 선박에 실려 울산으로 와요. 이곳에서 정제된 원유는 자동차 연료, 디젤 엔진 연료, 비행기 연료로 쓰인답니다.

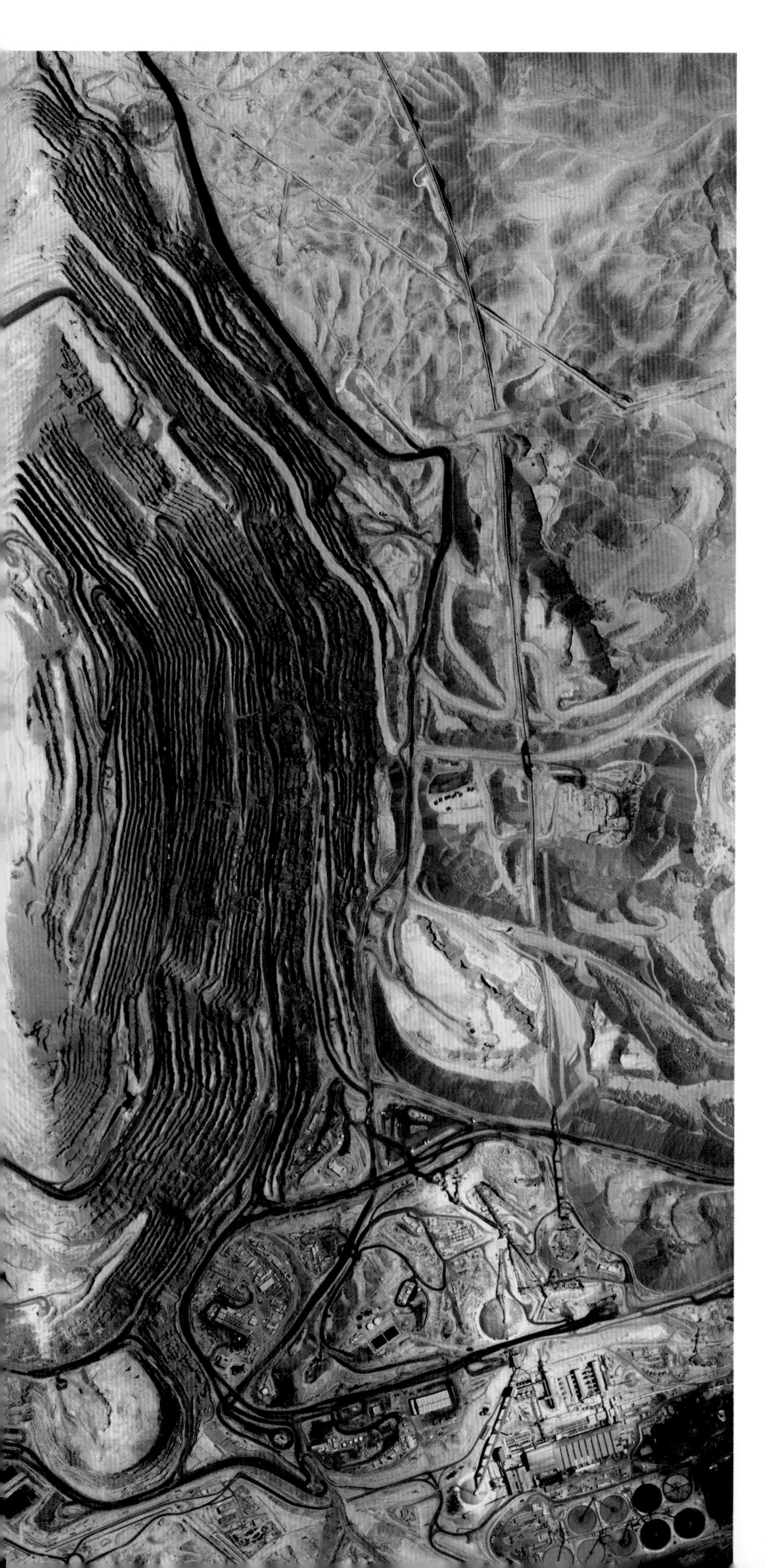

다이아몬드 광산 ↑

러시아 미니르에 있는 미르 광산은 비록 지금은 문을 닫았지만, 전성기였던 1960년대에는 다이아몬드를 매년 1,000만 캐럿, 그러니까 2톤이나 생산했어요. 다이아몬드를 캐내려고 땅을 깊고 넓게 파서, 깊이 525미터, 폭 1,200미터 크기의 거대한 구덩이가 생겼지요. 사람이 만든 구덩이로는 여전히 세계에서 두 번째로 크답니다. 다이아몬드는 보석으로 쓰일 뿐 아니라 매우 단단해서 돌이나 금속을 자르고, 갈고, 구멍 뚫는 도구로도 사용돼요.

← 구리 광산

칠레 산티아고 북쪽에 있는 추키카마타 광산에서는 1910년 문을 연 이후로 지금껏 구리 2,900만 톤을 캐냈어요. 구리는 쉽게 녹슬지 않아 전선, 지붕, 배관, 공장 기계에 쓰인답니다.

우라늄 광산 ↑

니제르의 아를리트에는 우라늄 광산이 있는데, 이곳에서 캐낸 우라늄을 프랑스로 보내요. 우라늄은 프랑스에서 원자력 발전소의 중요한 연료로 쓰이고, 핵무기를 만드는 데도 쓰인답니다.

리튬 광산 →

칠레 북부의 아타카마 사막에 소키미치 광산이 있어요. 이 광산에서는 리튬이 포함된 소금물을 인공 연못에서 증발시켜 리튬을 얻어요. 아타카마 사막의 뜨겁고 건조한 기후 덕분에 물은 수증기가 되어 공기 중에 날아가고 리튬만 남지요. 리튬은 전기차, 휴대전화, 호버보드 같은 제품에 들어가는 리튬 배터리의 재료가 되고, 약을 만드는 데도 사용된답니다.

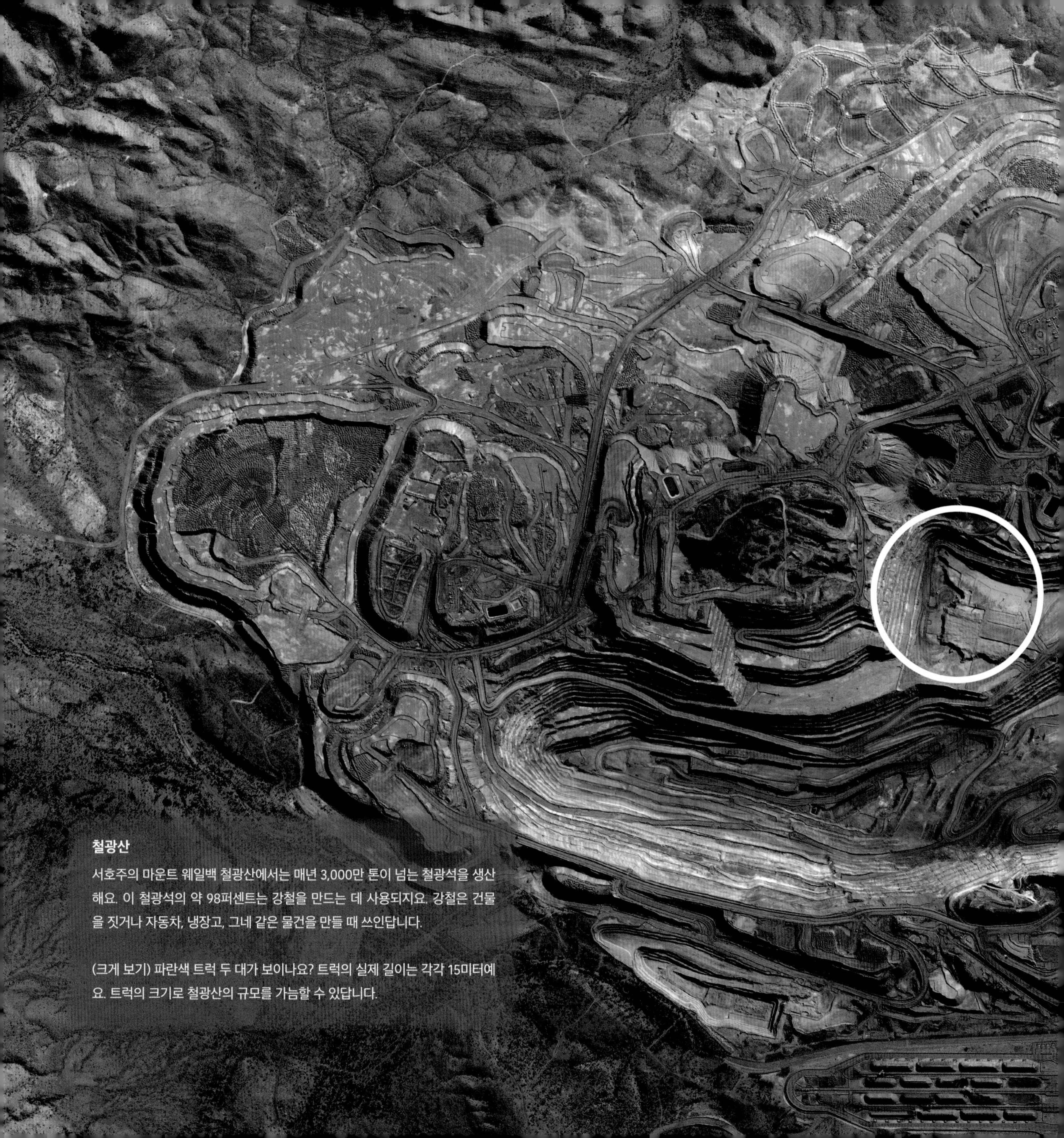

철광산

서호주의 마운트 웨일백 철광산에서는 매년 3,000만 톤이 넘는 철광석을 생산해요. 이 철광석의 약 98퍼센트는 강철을 만드는 데 사용되지요. 강철은 건물을 짓거나 자동차, 냉장고, 그네 같은 물건을 만들 때 쓰인답니다.

(크게 보기) 파란색 트럭 두 대가 보이나요? 트럭의 실제 길이는 각각 15미터예요. 트럭의 크기로 철광산의 규모를 가늠할 수 있답니다.

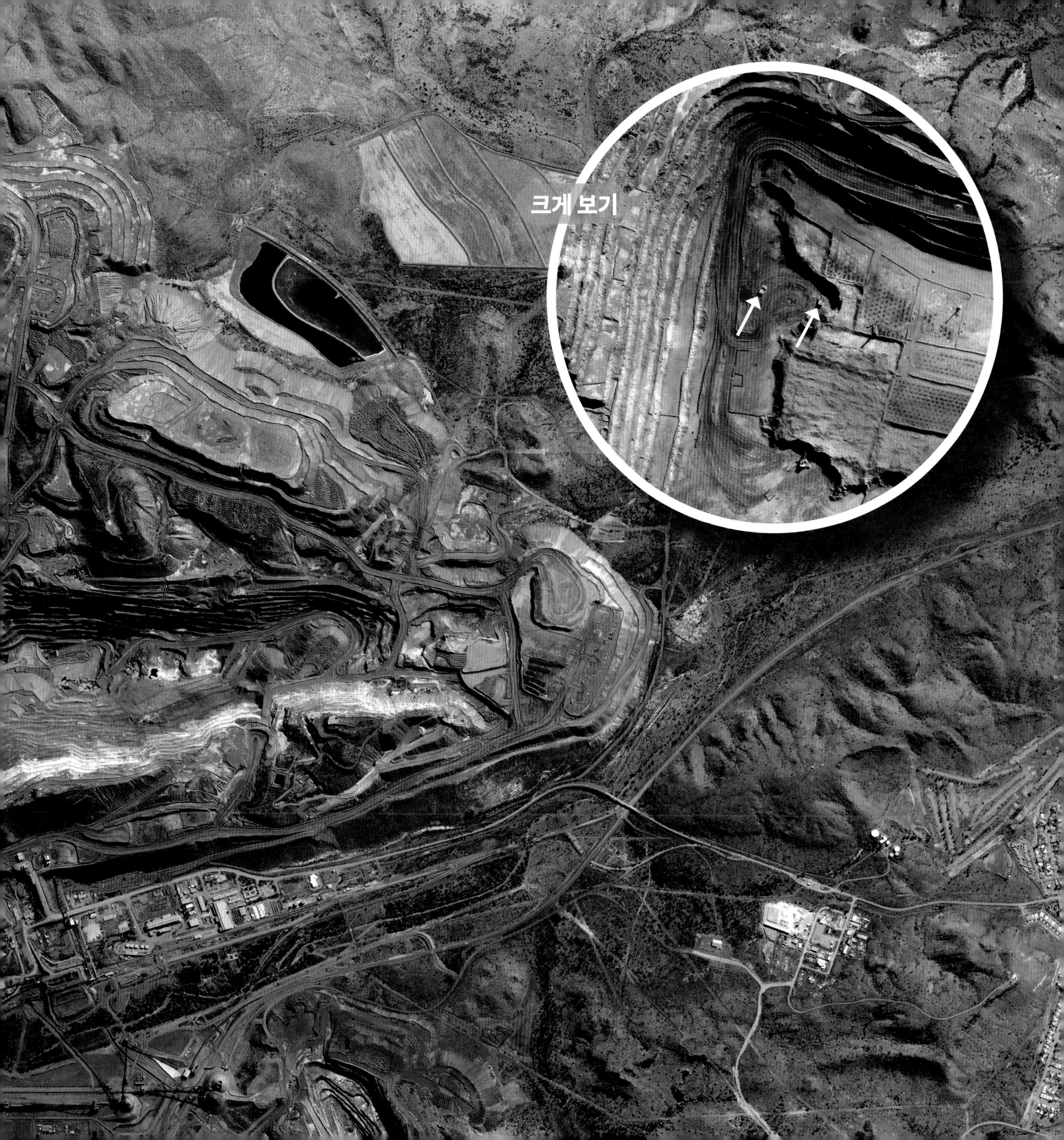
크게 보기

샌프란시스코만 소금 연못

미국 캘리포니아주의 샌프란시스코만에는 소금을 만드는 연못들이 있어요. 연못을 모두 합치면 면적은 67제곱킬로미터로, 서울 송파구의 2배에 이르지요. 소금이 만들어지는 과정을 알아볼까요? 먼저, 만에서 바닷물을 길어 올려 거대한 연못에 담아요. 따뜻한 바람이 물 위를 지나가면 물은 증발하고 소금은 남지요. 그러면 연못에서 소금을 긁어내 다양한 곳에 쓰는데, 주로 요리하는 데 사용해요. 소금을 만드는 연못은 저마다 색이 다르게 나타나요. 그 이유는 연못마다 소금의 양이 다르고, 소금의 양에 따라 연못에 서로 다른 미생물이 살기 때문이랍니다.

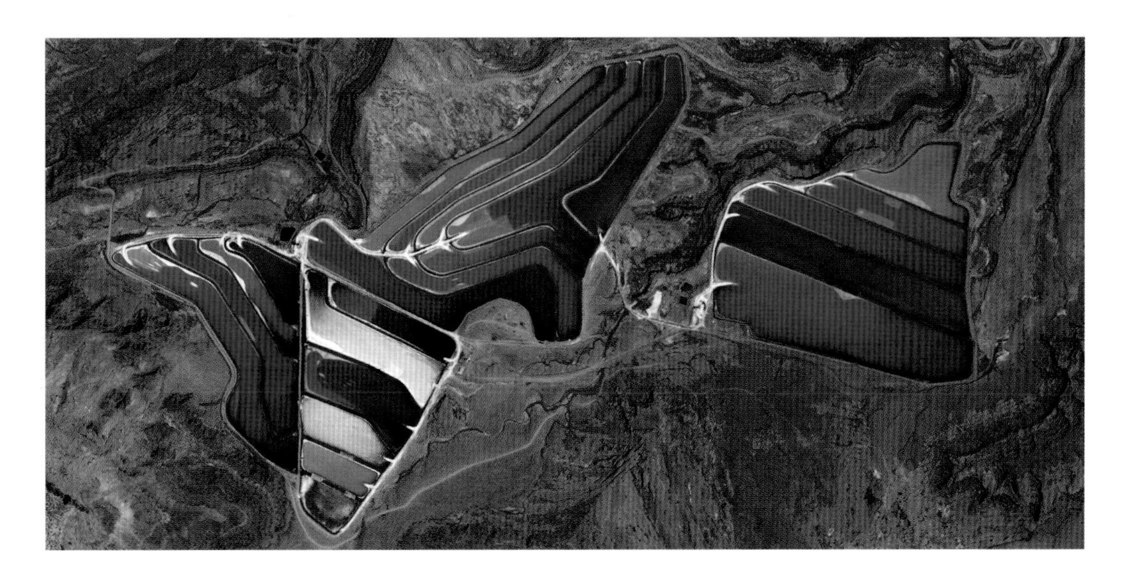

칼륨 증발 연못

미국 유타주의 모압 근처에 포타시를 만드는 증발 연못이 있어요. 포타시는 농작물의 비료에 많이 쓰이는 소금의 한 종류로, 땅속 깊은 곳에 고여 있는 매우 짠 물(염수)에 들어 있지요. 이 짠물을 땅 위로 끌어 올려 연못으로 보내요. 그러면 뜨겁고 건조한 사막의 공기 속에서 물이 증발하지요. 이곳에서는 증발 속도를 높이려고 연못의 물을 파란색으로 물들여요. 파란색 물은 햇빛을 더 많이 흡수해서 물이 더 빨리 증발하기 때문이에요. 순서대로 나열한 사진에서 볼 수 있듯이, 색은 시간이 지나면서 점점 옅어져요. 300일 정도가 지나면 물이 완전히 증발해서 포타시를 얻을 수 있답니다.

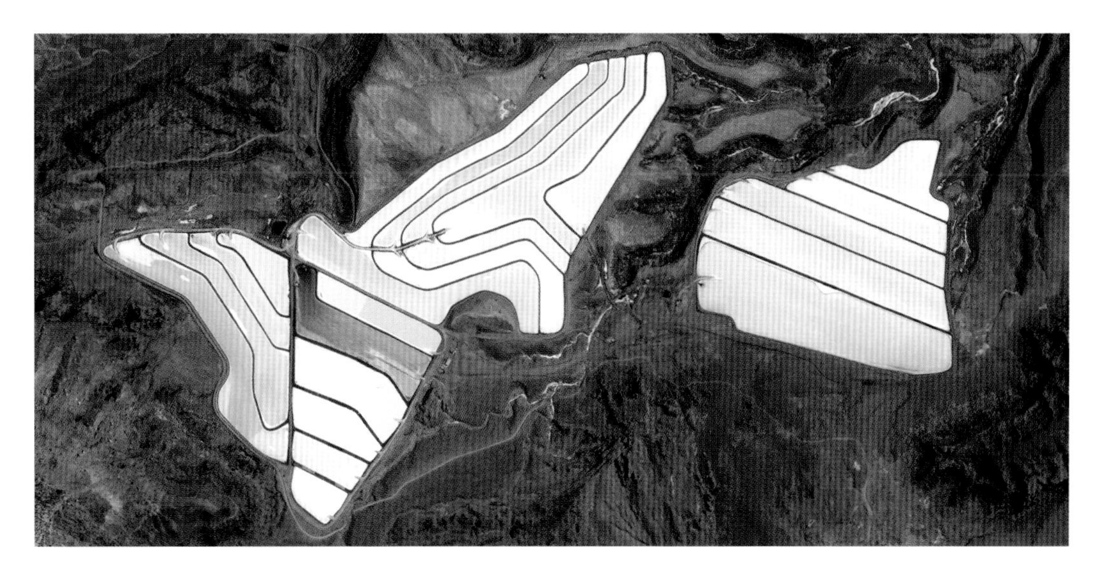

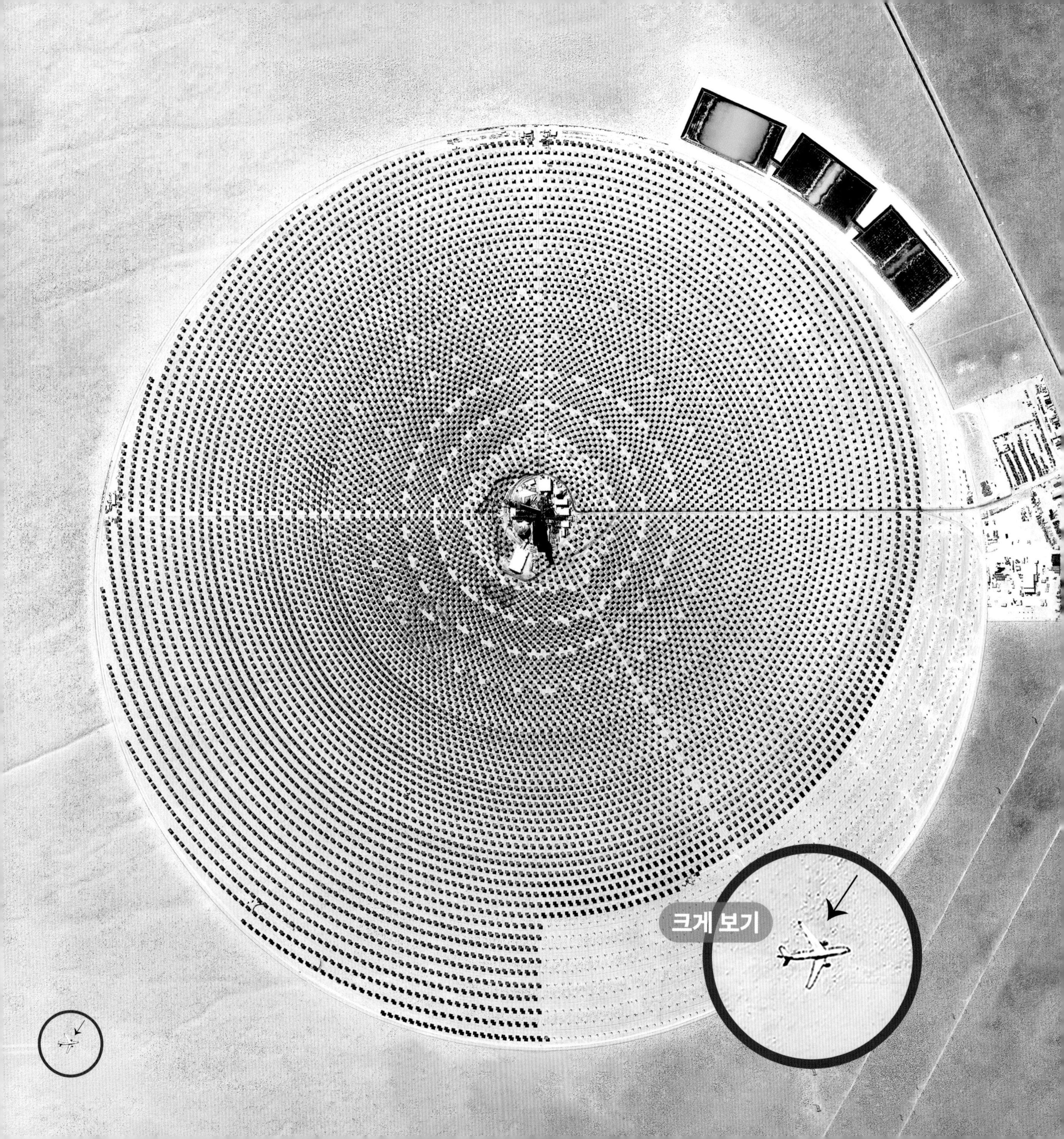
크게 보기

← 태양 에너지 프로젝트

미국 네바다주의 토노파에 크레센트 듄스 태양열 발전소가 있어요. 태양열로 액체 소금을 뜨겁게 만들어 전기를 얻는 세계 최초의 발전소지요. 발전소가 전기를 어떻게 만드는지 알아볼까요? 거울 1만 7,500개가 햇빛을 모아 중앙 타워의 꼭대기로 보내요. 타워 안에는 액체 소금이 들어 있어요. 태양열을 받아 매우 뜨거워진 소금은 그 열로 물을 끓여 증기로 바꾸고, 그 증기가 발전기를 돌려 전기를 만들어요. 석탄이나 석유 같은 화석연료 없이 태양에서 얻은 에너지만으로 7만 5,000가구가 충분히 사용할 전기를 생산하지요. 사진에서 발전소 위를 나는 대형 비행기를 보면 발전소가 얼마나 큰지 가늠할 수 있답니다.

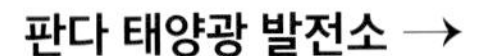

판다 태양광 발전소 →

판다 그린 에너지 그룹은 태양광 에너지의 장점을 강조하려고 중국 다퉁에 두 마리의 아기 판다 모양으로 태양광 발전소를 지었어요. 이 발전소는 50메가와트 규모로, 약 1만 가구가 사용할 수 있는 전기를 생산하지요. 판다 모양은 검은색이나 회색을 띠는 필름 태양 전지로 만들었어요. 이후 중국 광시에 두 번째로 판다 모양의 태양광 발전소가 세워졌어요. 이 발전소는 60메가와트 규모로 6,000가구에서 사용할 수 있는 전기를 생산해요. 재미있는 사실이 하나 있는데, 태양광 발전소를 판다 모양으로 만들자는 아이디어는 발전소를 건설한 회사가 아니라 어느 한 청소년이 생각해 낸 거랍니다!

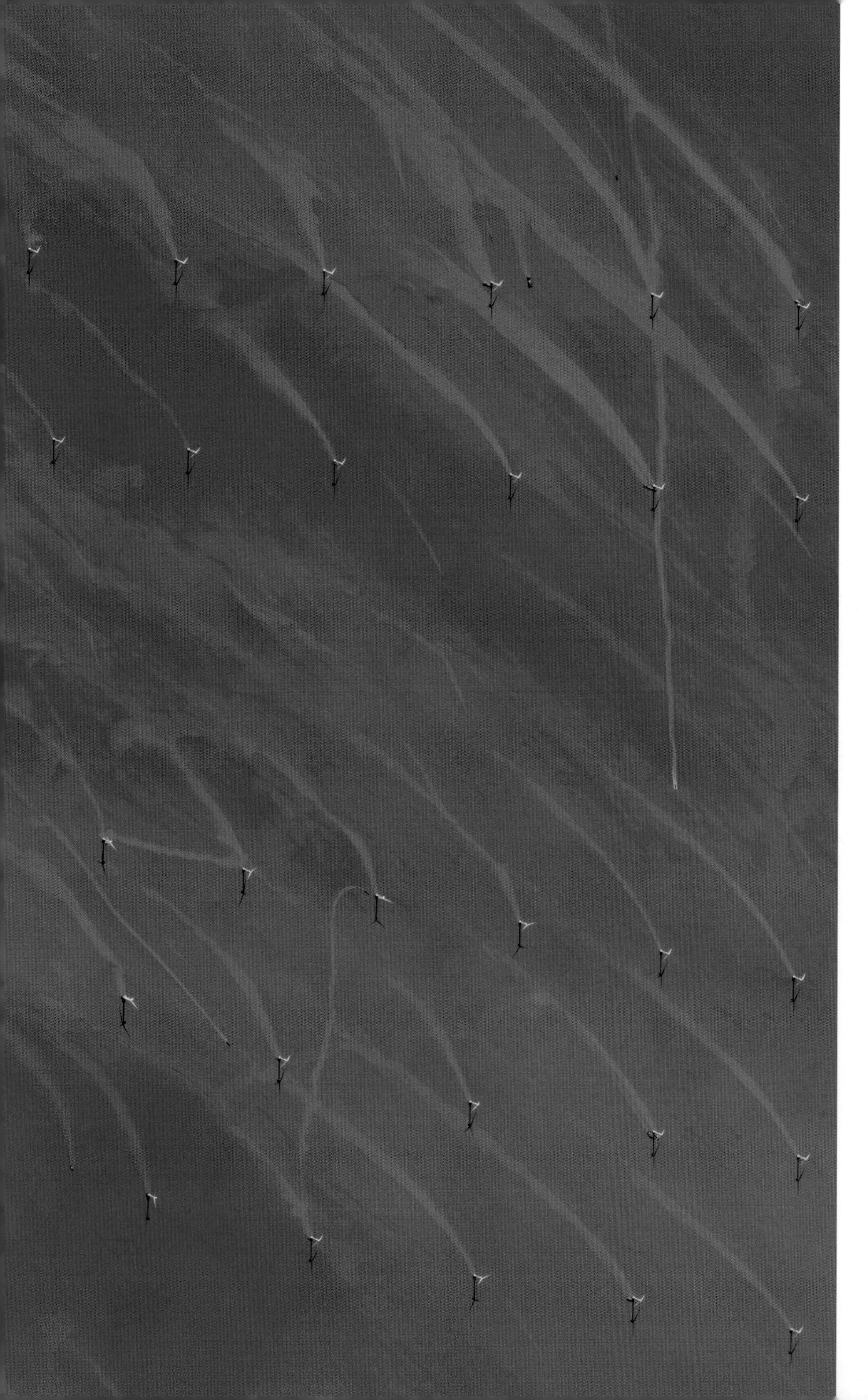

바다 위 풍력 발전 단지

중국 상하이에 있는 둥하이 대교 풍력 단지는 중국에서 처음으로 바다 위에 세운 풍력 발전 단지예요. 이 발전 단지는 20만 가구에 전력을 공급할 수 있지요. 터빈마다 길게 늘어진 띠가 달린 것처럼 보이는데, 사실 그것은 물속의 퇴적물이에요. 터빈이 움직일 때 바닷물의 흐름이 달라져 바닥에 있던 퇴적물이 물살에 휩쓸려 떠오르면서 생기는 모습이에요. 이는 풍력 터빈이 바닷물의 자연스러운 흐름에 변화를 준다는 뜻이지요. 연구자들은 바닷속 터빈 기둥이 고정된 밑바닥에 동물과 식물이 자리 잡고 산다는 사실도 발견했답니다.

샤일로 풍력 발전소

샤일로 풍력 발전소는 미국 캘리포니아주의 몬테주마 힐스에 있어요. 이 발전소는 면적이 27.5제곱킬로미터로, 에버랜드의 약 18배에 이르는 땅에 터빈 275개가 세워져 있지요. 터빈을 설치할 때 자신의 땅을 빌려준 지역 농부들은 그 주변 땅에서 양을 키우고 건초를 재배한답니다.

CHAPTER 8

우리 손으로 지키는 지구

지구는 자연재해로 파괴되기도 하지만, 우리가 하는 행동에도 큰 영향을 받고 있어요. 우리는 쓰레기를 땅에 묻거나 이산화탄소를 공기 중에 내뿜는 등 온갖 방법으로 지구를 빠르게 변화시키지요. 이처럼 사람들이 공기, 물, 땅 같은 자원을 마구 사용하고 순식간에 망가뜨리고 있어서 지구가 스스로 회복하지 못할 수 있답니다.

오염 물질 때문에 기후 변화가 빨라지고 지구의 기온이 해마다 오르면서 동물과 식물이 살아가는 환경에 영향을 미쳐요. 자꾸만 나무를 베어 내 숲이 점점 사라져요. 그리고 기온이 오르면서 바닷물의 온도도 높아지는 데다가 바다에 기름이 새어 나오고 플라스틱 쓰레기가 쌓여만 가니, 바다 생물이 큰 위협을 받고 있지요.

우리가 저지른 행동이 지구에 심각한 영향을 끼쳐 어떤 결과를 불러왔는지 이번 챕터에서 확인할 수 있어요. 인간과 지구는 떼려야 뗄 수 없는 관계라는 것을 깊이 깨닫게 될 거예요. 자원을 함부로 쓰고 망가뜨릴 때마다 인간을 비롯한 모든 생명체가 살아가는 삶의 터전인 지구를 파괴하는 거랍니다.

철광산 폐기물 연못

미국 미시간주의 어퍼 반도에 있는 그리븐 호수는 오염이 너무 심해서 물이 선명한 분홍빛으로 물들었어요. 이 호수는 근처의 철광산에서 철광석을 캐면서 생기는 쓰레기와 폐기물을 모아 두기 위해 만든 거대한 인공 연못이에요. 폐기물 연못에는 몸에 해로운 독성 물질이 물에 섞여 있기 때문에 환경 보호 기관들은 이 호수에서 잡은 물고기를 먹으면 위험하다고 경고하지요. 이 사진은 오염된 물이 약 2.6킬로미터에 걸쳐 있는 모습으로, 이는 여의도와 맞먹는 크기랍니다.

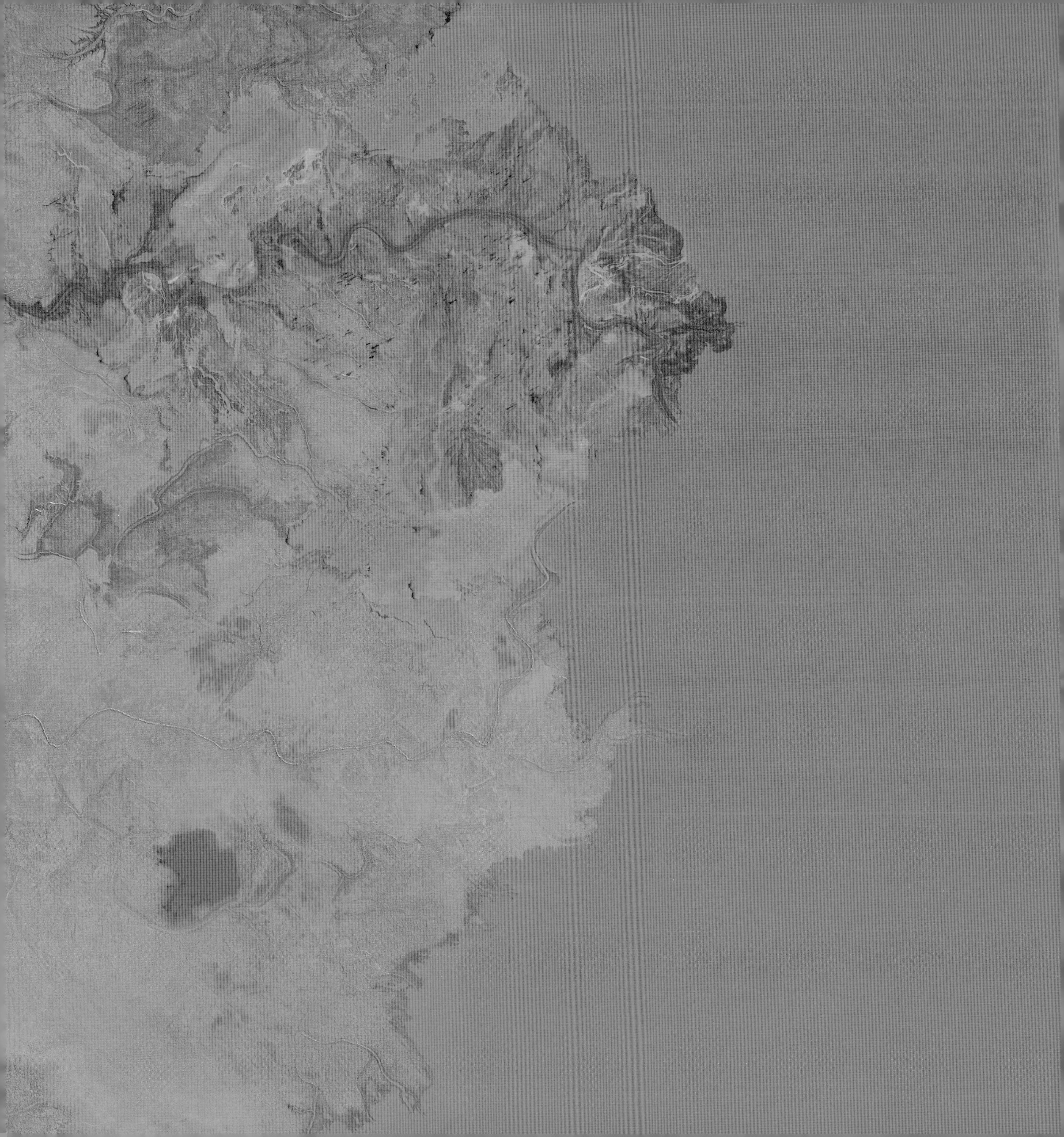

사라지는 브라질의 열대우림 ↑

아마존은 세계에서 가장 큰 열대우림이에요. 안타깝게도 사람들이 나무를 베어 목재를 얻고, 숲을 밀어낸 자리에 농사를 짓고 가축을 키우고 마을을 만드느라 프랑스 영토만큼 어마어마하게 넓은 숲이 사라졌어요. 위 사진에서는 사람들이 주요 도로를 따라 나무를 모조리 베어 낸 모습을 볼 수 있지요. 남아 있는 열대우림을 지키는 일은 정말 중요해요. 숲속의 풀과 나무는 사람과 동물이 살아가는 데 필요한 산소를 만들어 낼 뿐 아니라, 지구를 뜨겁게 하는 이산화탄소를 대기에서 없애 주거든요. 열대우림은 다른 어느 곳에서도 볼 수 없는 특별하고 다양한 생물종이 더불어 살아가는 거대한 보금자리랍니다.

사라지는 볼리비아의 열대우림 →

볼리비아의 산타크루즈에는 사람의 손이 닿지 않은 자연 그대로의 숲과 파괴되어 황폐한 숲이 나란히 붙어 있어요. 볼리비아는 남아메리카에서 가장 가난한 나라예요. 그래서 소중한 숲을 그대로 지킬지, 경제적 이익을 위해 나무를 베어 목재로 팔고 숲을 없앤 땅에 농작물을 심거나 땅에 구멍을 뚫어 석유와 가스를 찾아낼지 고민하고 있지요. 2000년부터 2014년까지 볼리비아에서 약 1만 8,000제곱킬로미터의 열대우림이 사라졌어요. 제주도 면적의 약 10배에 이르는 숲이 파괴된 셈이지요. 과학자들은 지금처럼 숲을 계속 파괴하면 2100년까지 볼리비아의 열대우림이 남김없이 풀밭이나 농경지로 바뀔 것이라고 해요.

미스치프 암초

중국이 남중국해에 흩어져 있는 여러 산호초 중 7개를 골라서 인공 섬으로 만들었는데, 그중 하나가 미스치프 암초예요. 2015년에 중국은 미스치프 암초로 바다 밑바닥에 쌓인 모래나 자갈을 파내는 준설선이라는 배를 수십 척 보냈어요. 그리고 돌, 시멘트, 바닷속에서 퍼 올린 모래로 산호초를 쌓아 올려 물 위에 새로운 땅을 만들었어요. 하지만 인공 섬을 만들면서 산호와 산호초 주변에 사는 동물들이 죽게 되었지요.

전후 사진을 비교해 보면 6개월 만에 미스치프 암초가 얼마나 달라졌는지 알 수 있어요. 중국은 배가 바닷길을 안전하게 다닐 수 있도록 등대를 세우기 위해 인공섬을 만들었다고 주장했어요. 하지만 중국은 (이 사진에 나오지 않지만) 비행기가 뜨고 내리는 활주로도 지었지요. 이를 두고 국제사회는 중국이 다른 의도를 품고 있는 것은 아닌지 걱정하고 있답니다.

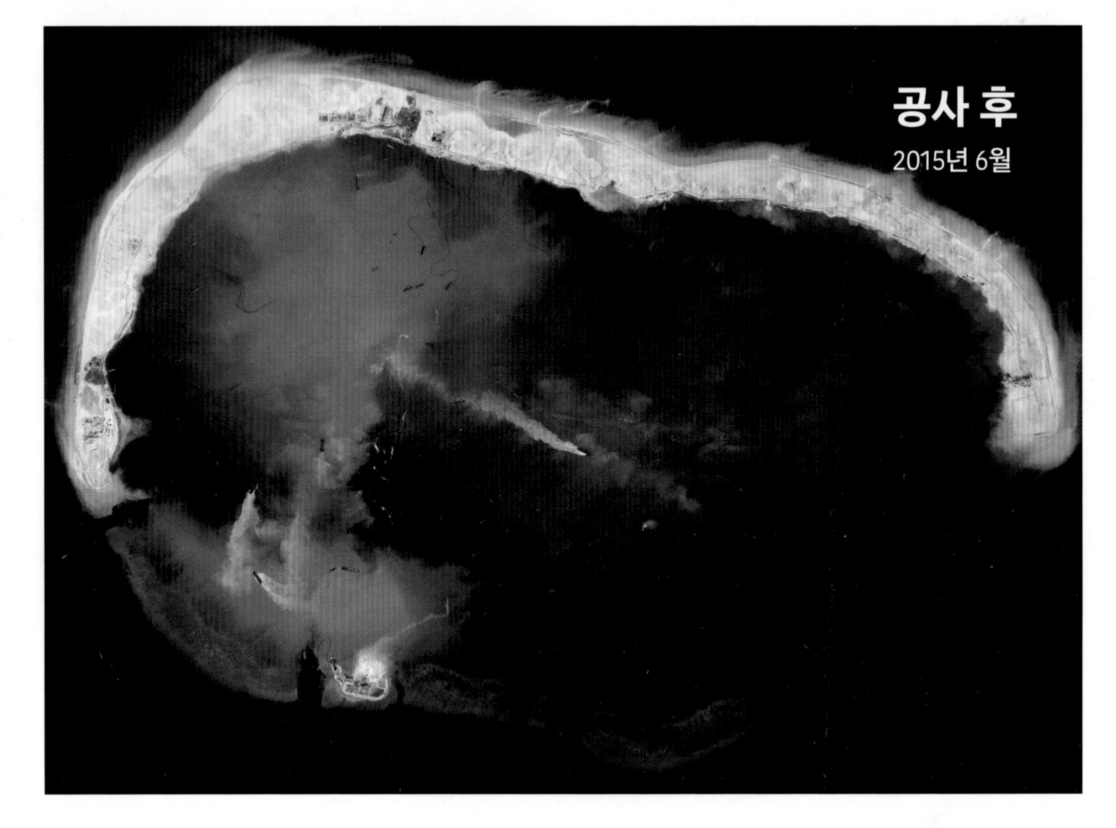

쓰레기 매립지

우리가 버린 쓰레기도 우주에서 보인답니다! 한국 인천에 있는 쓰레기 매립지는 거대하기로 손꼽히는 쓰레기 매립지예요. 전체 면적이 16.4제곱킬로미터에 이르고 4개 매립장으로 구성된 엄청난 크기라서, 우주에서도 눈에 띌 정도지요. 서울과 그 주변 지역의 1,000만 가정에서 매일 버리는 쓰레기가 이 매립지로 모여요. 2017년 한 해에만 트럭 23만 대 분량의 쓰레기가 이곳에 버려졌어요. 제1 매립장과 제2 매립장은 쓰레기로 가득 차서 이미 사용이 끝났으며 제1 매립장 위에는 2012년에 골프장이 지어졌어요. 사용 중인 매립장 주변에서는 쓰레기가 썩으면서 내뿜는 메탄가스 때문에 고약한 냄새가 풍긴답니다.

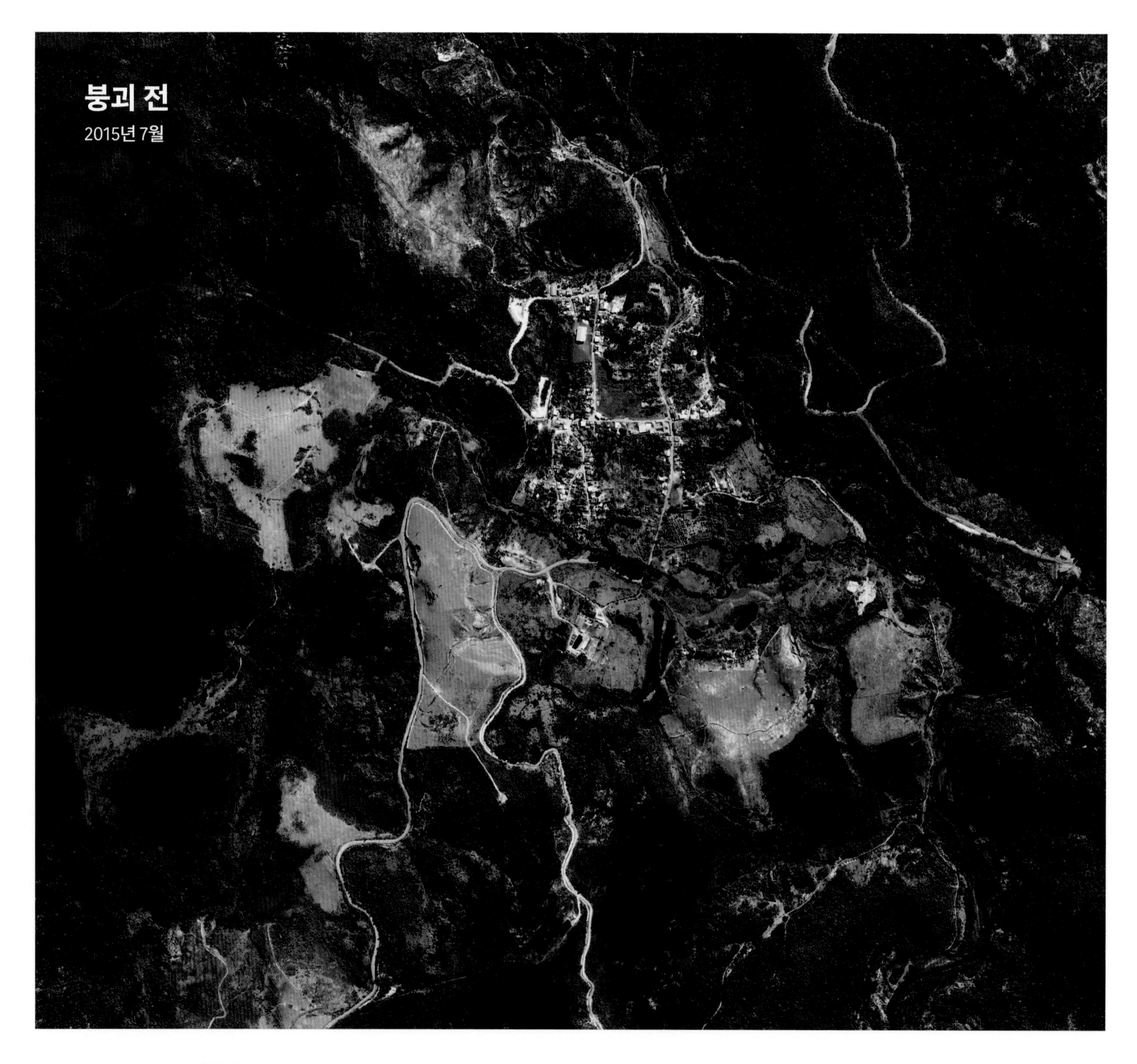

댐 붕괴

2015년 11월 5일, 브라질의 철광산에 있는 댐이 무너져 독성 물질이 섞인 폐수가 거대한 물결처럼 순식간에 쏟아져 나왔어요. 독성 폐수가 강을 따라 아래로 빠르게 흐르면서 사진에 나오는 벤투 로드리게스를 포함한 여러 마을을 덮쳤지요.

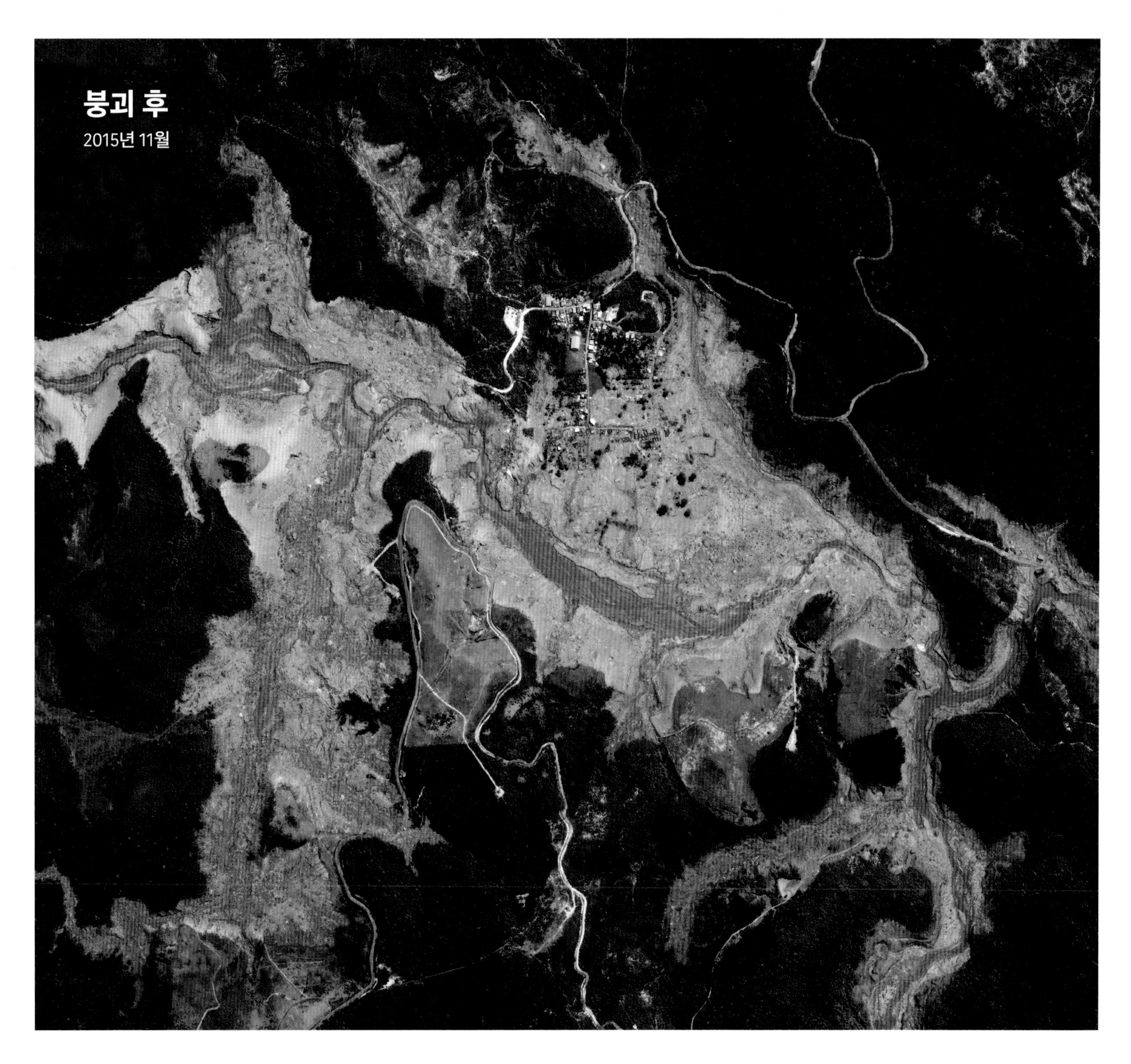

이 재난으로 19명이 목숨을 잃었어요. 광산에서 나온 폐기물이 600킬로미터에 걸쳐 굉장히 빠른 속도로 퍼져 나가 땅과 물이 독성 물질로 오염되고, 수많은 동물과 식물이 죽었어요. 이 마을을 다시 사람이 살 수 있는 안전한 환경으로 되돌리기까지 10년이 걸릴 것으로 내다보지만, 이전 상태로 온전히 회복하는 데 얼마나 걸릴지 여전히 아무도 모른답니다.

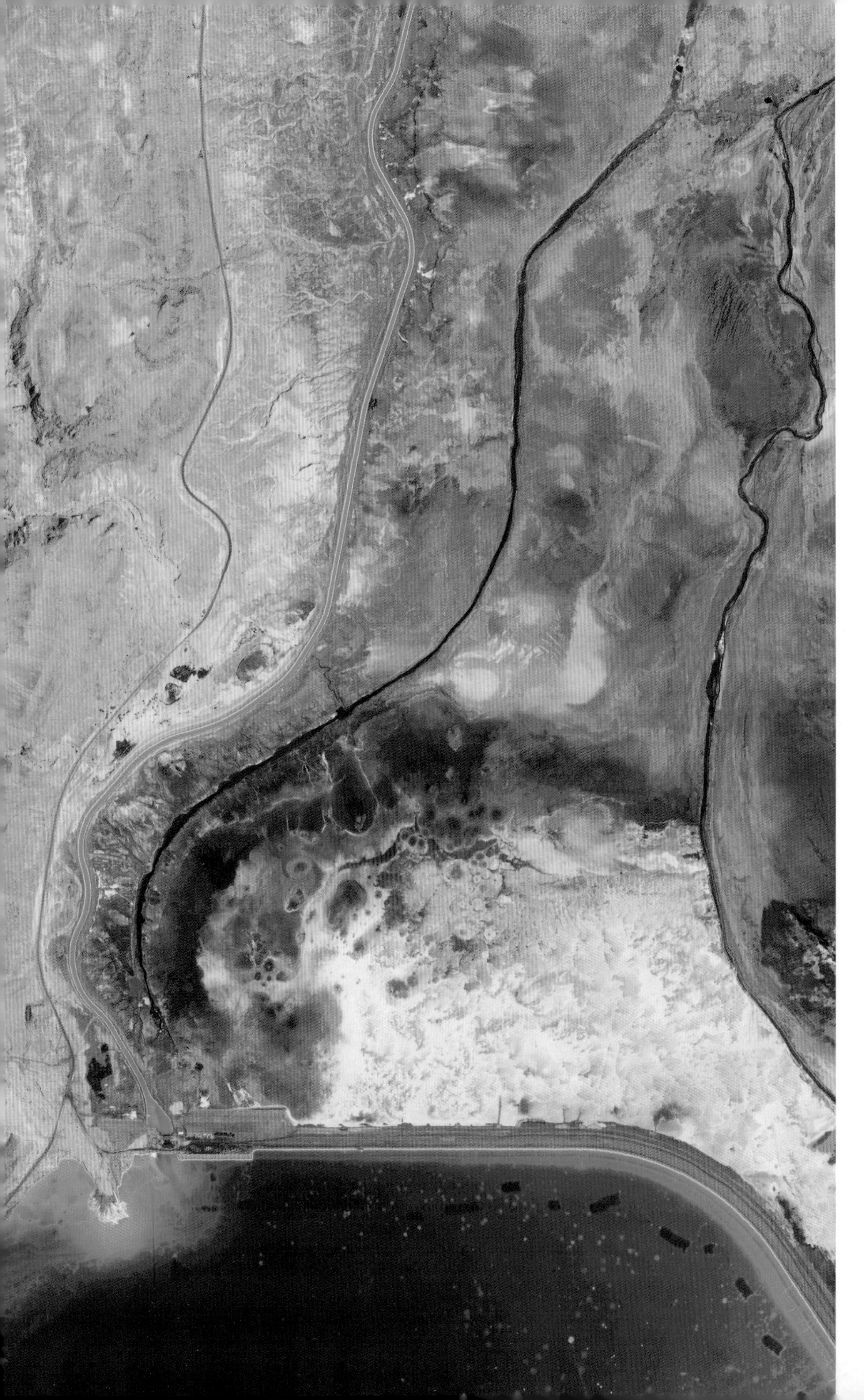

줄어드는 사해

요르단과 이스라엘 사이에 땅이 갈라지면서 생긴 매우 길고 깊은 계곡이 있어요. 이 요르단 단층 계곡에 사해가 있지요. 사해는 지구에서 몇 안 되는 짜디짠 소금 호수로, 바다보다 9.6배나 더 짜답니다! 그런데 사해의 물 높이가 매년 0.9미터씩 낮아져 갈수록 짠맛이 강해지고 있어요. 과거에는 산에서 시작된 물줄기가 시냇물이나 강물이 되어 사해로 흘러들었기 때문에 물이 증발해서 줄어든 만큼 다시 찼어요. 균형이 깨지기 쉬워 보였지만 물 높이가 꽤 안정적으로 유지되었지요. 그러자 주변 국가들이 사해로 흘러가던 물길을 돌려서 자기 나라 사람들이 물을 쓸 수 있게 했어요. 2013년에 이스라엘과 요르단은 사해의 물을 다시 채우기 위해 홍해에서 사해로 사막을 가로질러 물을 끌어오는 수로를 건설하기로 약속했어요. 하지만 이 프로젝트는 비용이 너무 많이 들고 기술적으로 어려워서 2018년 이후 더 진행되지 않았고, 지금까지도 멈춘 상태랍니다.

마다가스카르의 침식

마다가스카르는 아프리카 동쪽 해안에서 떨어져 인도양에 떠 있는 섬나라예요. 마다가스카르를 흐르는 베치보카강의 삼각주에서 피가 줄줄 흐르는 것처럼 보여요. 물이 붉은색을 띠는 이유는 해마다 비가 내리면 축구장 절반 크기의 땅마다 180톤이 넘는 흙이 물에 씻겨 내려가기 때문이지요. 사람들이 농사를 지으려고 나무를 베고 숲을 없애면서 나무에 덮여 있던 땅이 드러나 비바람에 흙이 씻겨 나가는 침식 현상이 더욱 심해졌어요. 흙이 없어지면 그 지역에서는 식물이 뿌리를 내리고 잘 자랄 수 없어요. 침식은 흙이 쌓이는 하류 지역에도 영향을 주지요. 베치보카강이 바다로 흘러드는 봄베토카만에 흙이 많이 쌓이면 물이 얕아져 이 만으로 들어오는 대형 선박들이 바닥에 걸려 좌초할 위험이 생긴답니다.

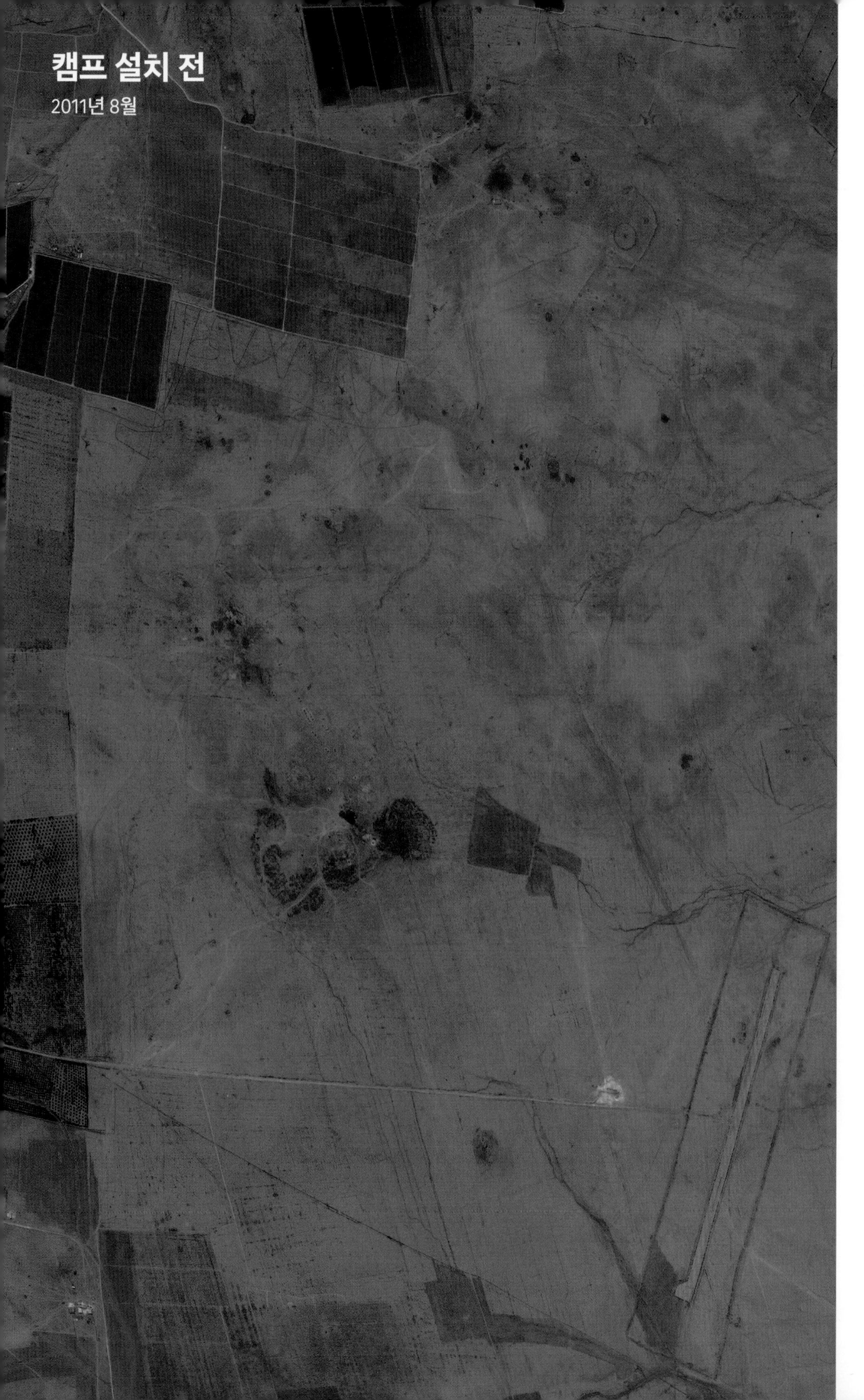

자타리 난민 캠프

요르단 마프라크 근처에 있는 자타리 캠프는 지금도 계속되는 시리아 내전으로 집을 잃은 시리아인들을 위해 마련한 세계 최대 규모의 난민 수용소예요. 2012년에 자타리 캠프가 처음 세워졌을 때는 작은 텐트로만 이루어진 임시 캠프였지요. 하지만 시간이 흐르면서 사람들이 점점 늘어나 2024년 난민의 수는 약 8만 명, 캠프 크기는 여의도의 1.8배인 5.2제곱킬로미터에 이르렀어요. 이제는 임시 거주지를 넘어 사람들이 자리를 잡고 오래 머물며 생활하는 정착지가 되었지요. 캠프 곳곳에 학교와 상점이 문을 열었고, 전기는 태양광 발전소에서 얻는답니다.

캠프 설치 후
2014년 6월

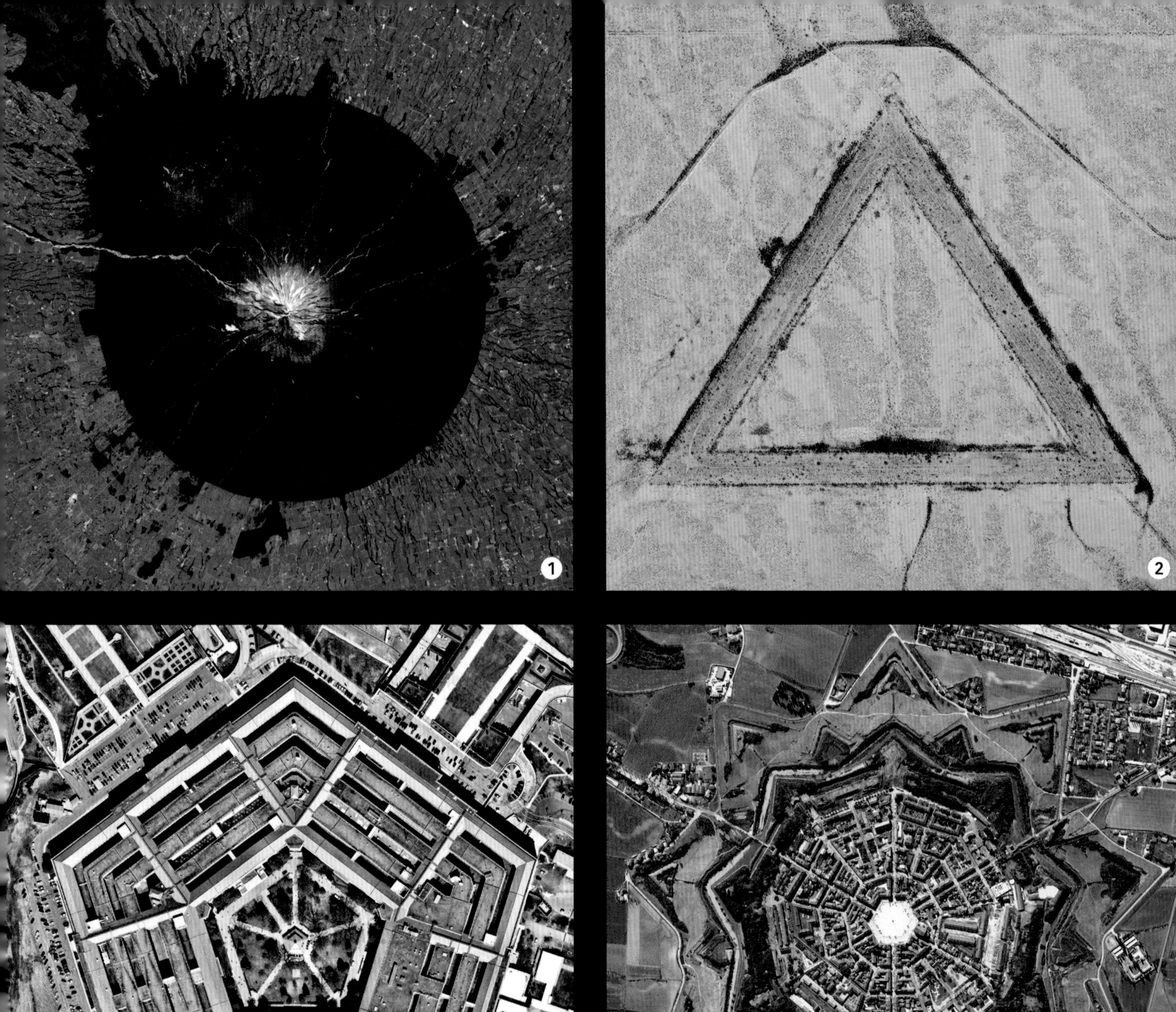
1
2

3
4

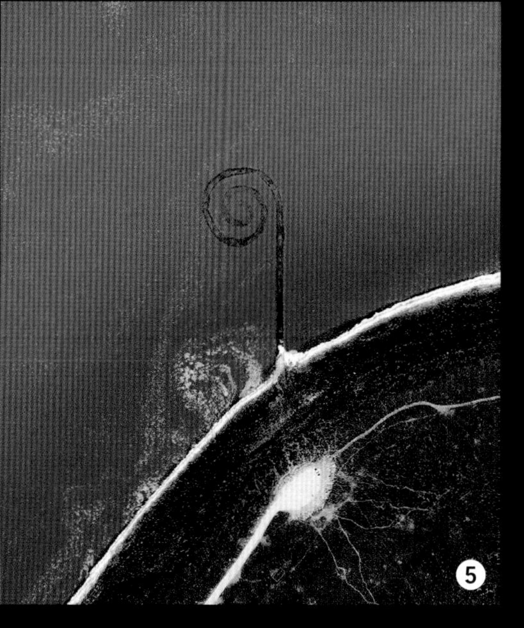

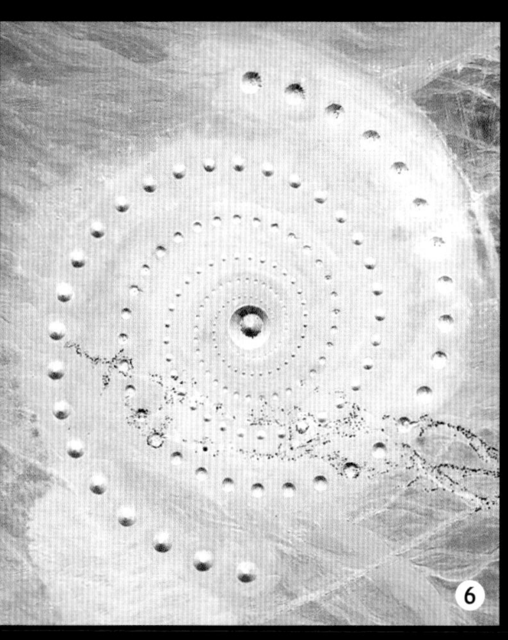

지구의 여러 가지 모양

1. 원 - 타라나키산

뉴질랜드 서쪽 해안에 있는 활화산인 타라나키산은 주변 땅이 숲으로 빙 둘러싸인 보호 구역이에요. 원형 숲은 짙은 녹색이고 숲 바깥쪽의 젖소 목장은 연두색이라서 식물의 종류와 색깔이 눈에 띄게 달라요.

2. 삼각형 - 루크 공군기지 4번 비행장 활주로

미국 애리조나주의 피닉스 변두리에 있던 이 비행장은 1956년에서 1966년 사이에 문을 닫았지만, 삼각형 활주로는 여전히 사막에서 볼 수 있어요.

3. 오각형 - 펜타곤

펜타곤은 미국 국방부의 본부가 있는 오각형 건물로, 버지니아주의 알링턴 카운티에 있어요. 이 5층짜리 건물은 층마다 다섯 개의 복도가 고리처럼 이어져 있지요. 복도 길이만 모두 28킬로미터에 이른답니다.

4. 별 - 팔마노바

이탈리아의 중세 마을 팔마노바는 적의 공격을 막아 주는 큰 성이 별 모양으로 마을을 감싸고 있어요. 이 성은 적이 어느 벽을 공격해도 가장 가까운 두 꼭짓점에서 방어할 수 있게 설계되어 병사들이 적을 앞뒤에서 공격할 수 있답니다.

5. 나선형 - 나선형 방파제

로버트 스미스슨이 만든 이 예술 작품은 미국 유타의 그레이트솔트호 안으로 길게 뻗은 소용돌이 구조물로, 길이가 475미터에 이르지요. 스미스슨은 호수에 사는 박테리아와 조류가 만들어 낸 강렬한 물 색깔 때문에 이곳을 골랐다고 해요.

6. 이중 나선형 - 사막의 숨결

이집트 사막에 있는 이 예술 작품은 축구장 13개 크기로, 약 9만 2,900제곱미터에 걸쳐 있어요. 나선형 하나는 땅을 파서 만든 원뿔 모양의 구덩이 89개로, 다른 하나는 그 구덩이에서 파낸 모래를 땅 위에 쌓아 올린 원뿔 89개로 이루어졌답니다.

7. 기타 - 기타 숲

아르헨티나의 이 독특한 인공 숲은 사이프러스 나무와 유칼립투스 7,000그루를 기타 모양으로 심어 만든 숲이에요.

CHAPTER 9

지구의 아름다움에 흠뻑 빠지다

이 책에서 우리는 인구가 늘어나고 전 세계 곳곳으로 퍼져 나가면서 지구를 어떻게 변화시켰는지 살펴봤어요. 그 과정에서 지구에 해를 끼치기도 했지만 숨이 턱 막힐 정도로 근사한 건축물도 많이 지었어요. 사람들이 열심히 일하면서 창의력을 발휘해 만들어 낸 특별한 장소는 경외감마저 불러일으킨답니다. 사람의 손으로 이루어 낸 기적의 건축물을 우주에서 보면, 땅에서는 드러나지 않던 황홀한 광경과 눈부신 아름다움을 발견할 수 있어요.

어떤 경우에는 건축물을 짓는 데 사용한 재료 자체가 특별하고 놀라울 때가 있어요. 예컨대, 캄보디아의 앙코르 와트를 짓기 위해 하나하나 정교하게 쌓은 사암 블록처럼 말이에요. 프랑스의 베르사유 궁전처럼 웅장하고 화려한 자태를 뽐내는 건축물도 있지요. 또한 미국 샌프란시스코의 금문교처럼 대담하고 야심 찬 건축물도 있어요. 이런 건축물은 사람들에게 필요한 것을 혁신적인 기술로 채워 주며 불가능해 보였던 꿈을 이루어 내 사람들의 감탄을 자아낸답니다.

앞서 이야기한 모든 장소는 최고 수준에 이른 인간의 독창성과 창의성을 보여 줘요. 그리고 지금도 사람들은 전에 없던 새로운 아이디어와 방식으로 끊임없이 건축물을 짓고 있으니, 앞으로도 이토록 대단하고 멋진 창조물이 반드시 더 늘어날 거예요. 어쩌면 당신이 지구상의 위대하고 경이로운 건축물을 상상하고 계획해서 실현해 내는 다음 주인공이 될지도 모른답니다.

시드니 오페라 하우스

호주의 시드니 오페라 하우스는 조개껍데기 디자인으로 유명해요. 멀리서는 그저 하얗게 보이지만, 가까이에서 보면 반짝이는 흰색과 부드럽고 은은한 크림색 타일로 이루어진 패턴이 특징이지요. 시드니 오페라 하우스는 여러 개의 공연장에서 해마다 1,500회가 넘는 다양한 공연을 열며, 약 120만 명의 관객을 끌어모으고 있답니다.

← 앙코르 와트

캄보디아의 앙코르 와트는 세계 최대의 종교 건축물로, 12세기에 힌두교 사원으로 지어졌어요. 사진에서 볼 수 있듯이, 축구장 290개가 들어가는 2제곱킬로미터 규모의 유적지의 중앙에는 거대한 사원이 자리 잡고 있어요. 사원 주변은 적의 침입을 막기 위해 둘러놓은 물길인 해자와 숲이 둘러싸고 있지요. 중앙 사원의 면적만 해도 로마 바티칸 시국의 4배 크기예요. 그리고 이 사원은 모래가 쌓여 굳은 커다란 돌을 섬세하게 다듬어 돌 사이에 아무런 접착제 없이 단단하게 쌓아 올려 지었답니다. 이 돌을 사암 블록이라고 해요.

기자의 피라미드 →

기자의 피라미드는 이집트 카이로 시내에서 조금 떨어진 기자에 있어요. 이곳에 있는 세 개의 피라미드 중 가장 큰 대피라미드는 기원전 2580년에 만들어졌고, 세계 7대 불가사의 가운데 유일하게 지금까지 온전히 남아 있는 피라미드지요. 높이 147미터인 대피라미드는 3,800년 동안 세계에서 가장 높은 건축물로 그 자리를 지켰어요. 전문가들에 따르면 약 2만 명에서 3만 명의 일꾼이 적어도 20년 동안 전체 구조물을 지었다고 해요. 돌 사이의 틈을 메운 초강력 접착제인 모르타르를 과학자들이 오랫동안 연구했지만, 현대의 기술로도 똑같이 만들지 못한답니다.

베르사유 궁전과 정원

빨간색 선으로 표시된 베르사유 궁전은 프랑스 파리 외곽에 있어요. 베르사유 궁전은 방이 2,300개 있고 면적이 6만 3,154제곱미터에 이르며, 예술적 가치가 높은 건축물로 평가받지요. 사진의 대부분을 차지하는 베르사유 궁전의 정원은 면적이 8제곱킬로미터로, 경복궁보다 18.5배 넓어요. 정원 곳곳에 나무 20만 그루와 꽃 21만 송이가 심겨 있고, 분수 50개, 물을 힘차게 뿜어내 화려한 물줄기를 연출하는 워터 젯 620개가 설치되어 있지요. 정원 중앙에는 대운하가 있는데, 대운하는 왕실 손님이 베네치아 곤돌라를 타고 노를 저으며 뱃놀이를 즐기던 곳이랍니다.

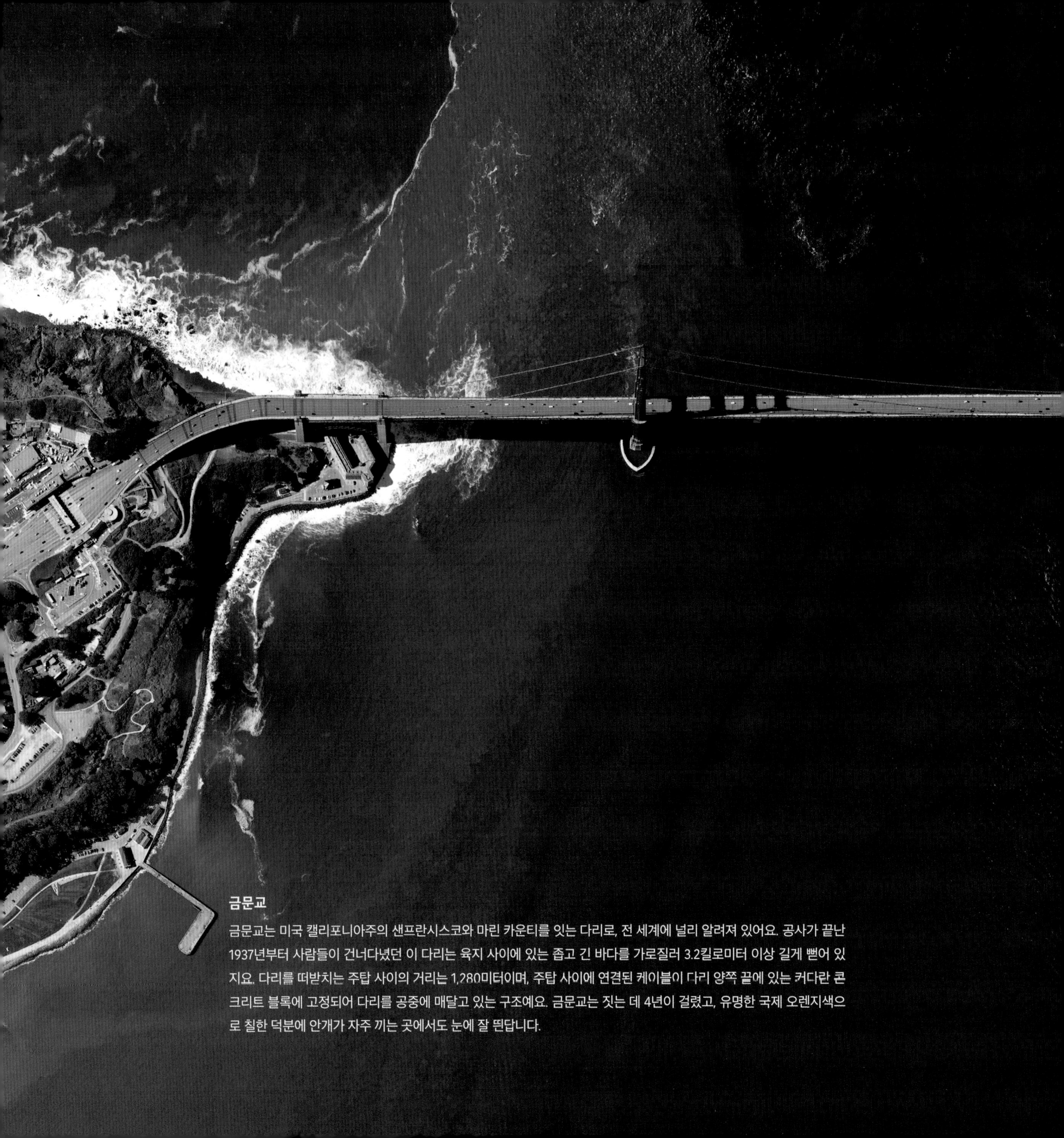

금문교

금문교는 미국 캘리포니아주의 샌프란시스코와 마린 카운티를 잇는 다리로, 전 세계에 널리 알려져 있어요. 공사가 끝난 1937년부터 사람들이 건너다녔던 이 다리는 육지 사이에 있는 좁고 긴 바다를 가로질러 3.2킬로미터 이상 길게 뻗어 있지요. 다리를 떠받치는 주탑 사이의 거리는 1,280미터이며, 주탑 사이에 연결된 케이블이 다리 양쪽 끝에 있는 커다란 콘크리트 블록에 고정되어 다리를 공중에 매달고 있는 구조예요. 금문교는 짓는 데 4년이 걸렸고, 유명한 국제 오렌지색으로 칠한 덕분에 안개가 자주 끼는 곳에서도 눈에 잘 띈답니다.

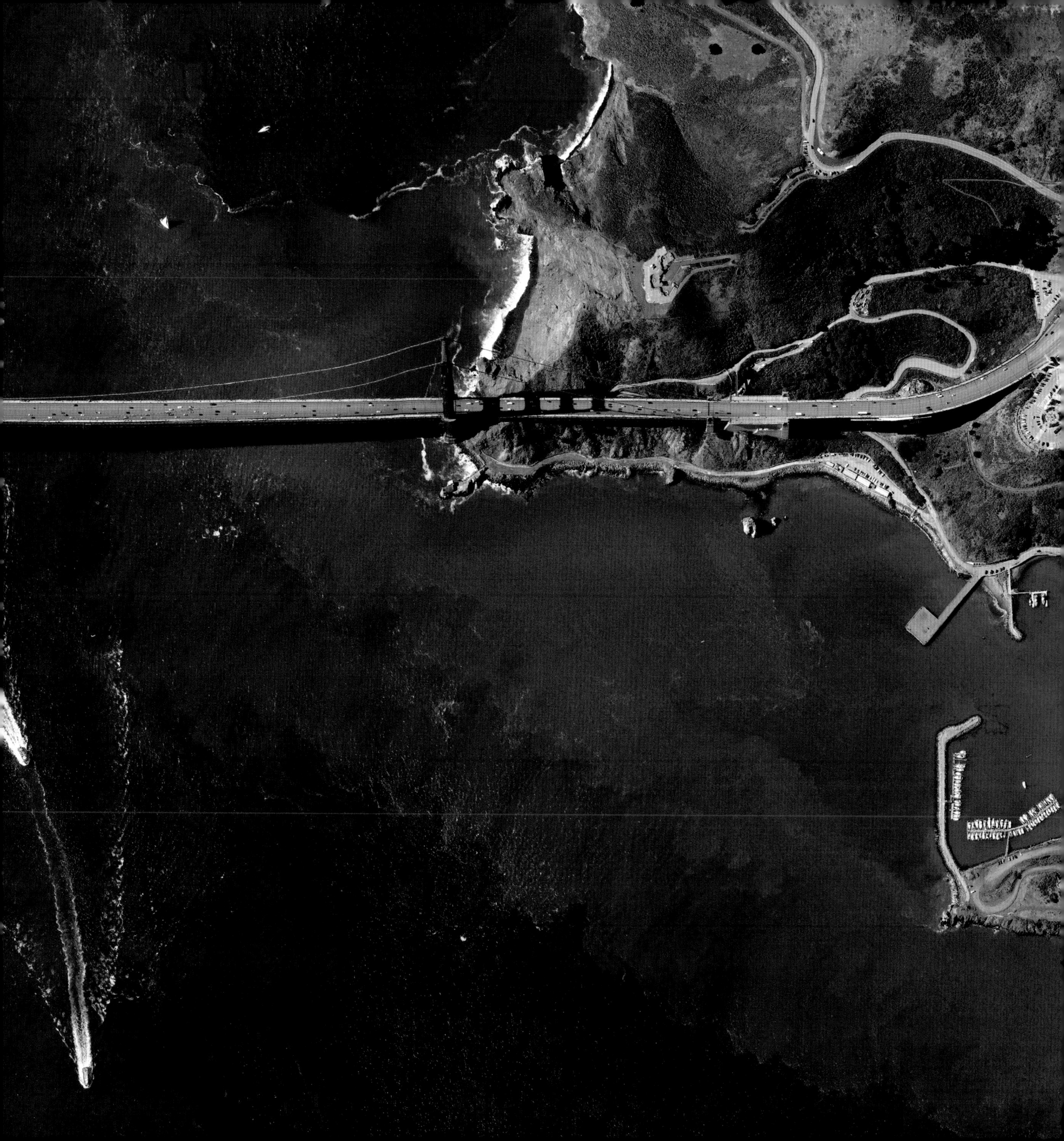

← 자유의 여신상

미국의 뉴욕 항구에 서 있는 자유의 여신상은 미국 독립 전쟁 당시 프랑스가 미국을 도우면서 쌓은 우정과 미국 독립 100주년을 기념해 미국에 준 선물이에요. 프랑스의 조각가 프레데릭 오귀스트 바르톨디가 구리로 이 동상을 만들었어요. 그런 다음, 350개의 조각으로 나누어 상자 214개에 담아 뉴욕으로 보냈지요. 동상을 다시 조립하는 데는 4개월이 걸렸어요. 자유의 여신상은 별 모양의 화강암 받침대에 서 있으며, 매년 400만 명이 넘는 관광객이 이곳을 찾는답니다.

후버 댐 ↑

미국 애리조나주와 네바다주가 만나는 경계에 있는 후버 댐은 콜로라도강을 이용해 전기를 만들고, 강물을 모았다가 주변 지역에 공급하기 위해 지어졌어요. 이 댐은 1930년에 짓기 시작해서 1935년에 완성되었어요. 높이가 221미터인 이 거대한 댐을 짓는 데 콘크리트 250만 세제곱미터가 사용되었지요. 이 양은 서울에서 부산까지 도로를 14번 깔아도 될 정도랍니다! 후버 댐이 협곡을 따라 흐르던 강물을 막으면서 댐 뒤에 물이 차올라 미드 호라는 호수가 생겼고, 미국에서 가장 큰 저수지가 되었어요.

센트럴 파크

미국 뉴욕의 센트럴 파크는 뉴욕의 상징이자 세계적으로 이름난 공원이에요. 사람들이 도심에서 자연을 즐길 수 있게 미국에서 처음으로 설계한 조경 공원이지요. 1853년에 뉴욕시는 맨해튼 한가운데에 있는 땅을 3제곱킬로미터 넘게 사들였어요. 물기가 많아 질퍽하고 바위가 많아 울퉁불퉁해서 건물을 짓기 어려운 땅이었지요. 그 후 센트럴 파크를 어떻게 꾸밀지 정하기 위해 조경 설계 대회가 열렸고, 우승자는 프레드릭 로 옴스테드였어요. 이윽고 일꾼 2만 명이 땅을 파고 고르게 다듬어 크고 작은 나무 27만 그루를 심었지요. 드디어 1859년 겨울, 사람들이 처음으로 센트럴 파크를 드나들며 이용할 수 있게 되었답니다.

(아래 사진) 센트럴 파크는 맨해튼의 한가운데에 있고, 맨해튼 면적의 약 6퍼센트를 차지한답니다.

세계 최고를 자랑하는 건축물

세계에서 가장 넓은 실내 테마파크 ↑

아랍에미리트 아부다비에 있는 페라리 월드는 2010년 개장 이후 18년 동안 세계에서 가장 큰 실내 테마파크였어요. 면적은 8만 6,000제곱미터이고, 지금은 세계에서 세 번째로 큰 테마파크가 되었지만, 여전히 세계에서 가장 빠른 롤러코스터인 포뮬러 로사가 있답니다.

← 세계에서 가장 높은 건물

아랍에미리트 두바이에 있는 부르즈 할리파는 세계에서 가장 높은 건물이에요. 828미터 높이로 하늘을 찌를 듯 우뚝 솟아 있지요. 이 163층 건물의 디자인은 사막에 피는 히메노칼리스라는 꽃을 본떴어요. 이 꽃은 중앙에서 꽃잎이 길게 뻗어 나가는 모습이 특징이랍니다.

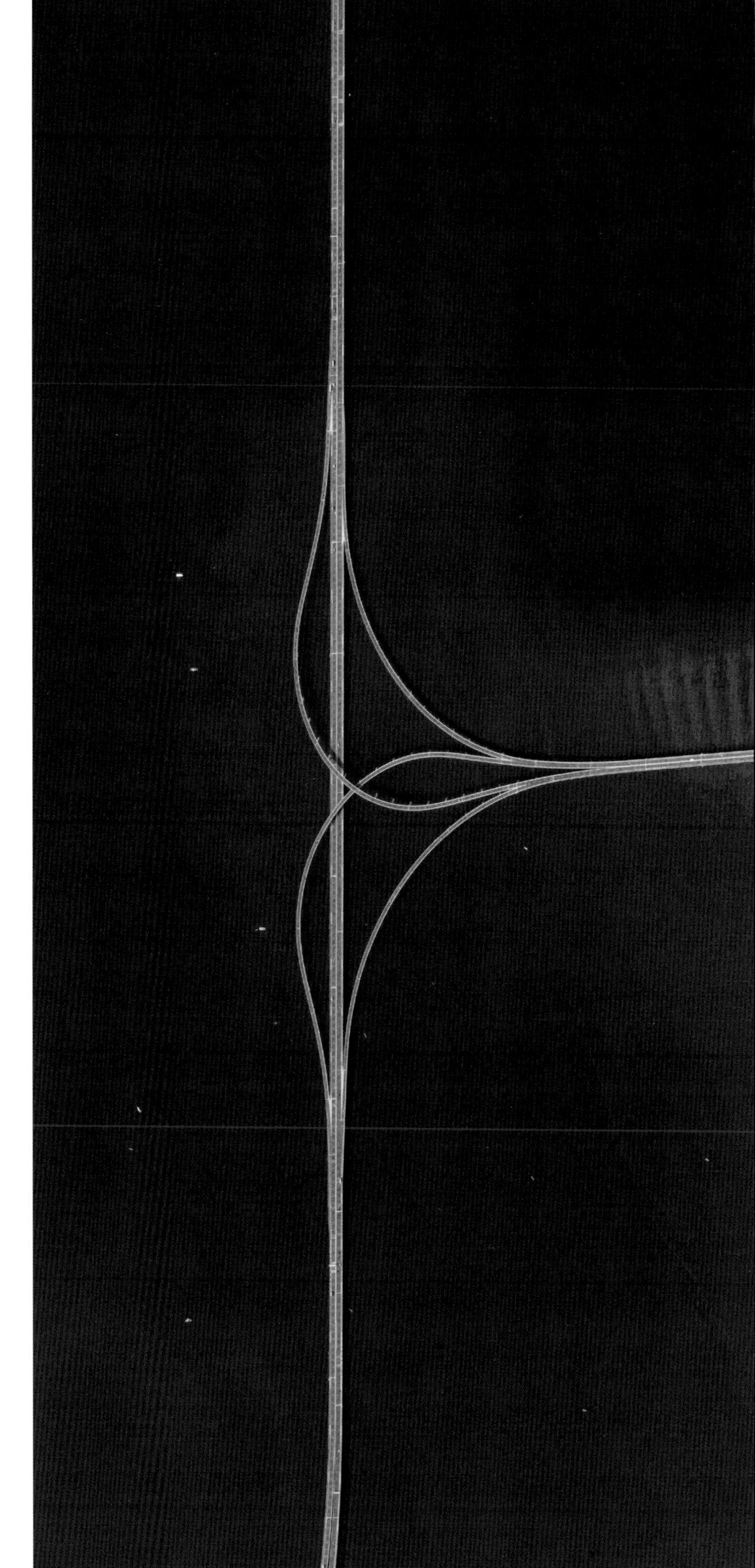

세계에서 가장 큰 미로 ↑

이탈리아 폰타넬라토에 있는 마조네 미로는 면적이 약 8만 제곱미터이며 내부 길이만 3.2킬로미터에 이르는 세계 최대의 대나무 미로예요. 미로의 벽은 2만 그루가 넘는 대나무로 이루어졌고, 이 대나무는 최대 5미터까지 자란답니다.

세계에서 가장 긴 물 위의 다리 →

중국 칭다오의 리창구와 황다오구를 연결하는 자오저우만 대교는 세계에서 가장 긴 물 위의 다리로 기네스북에 등재됐어요. 이 다리에서 이어진 바다 위 구간은 26킬로미터에 이르지요. 다리의 전체 길이는 41.58킬로미터로, 영국 해협을 가로지르고도 남을 정도랍니다. 2025년 현재는 2018년 개통한 홍콩-주하이-마카오 대교에 이어 두 번째로 긴 물 위의 다리입니다.

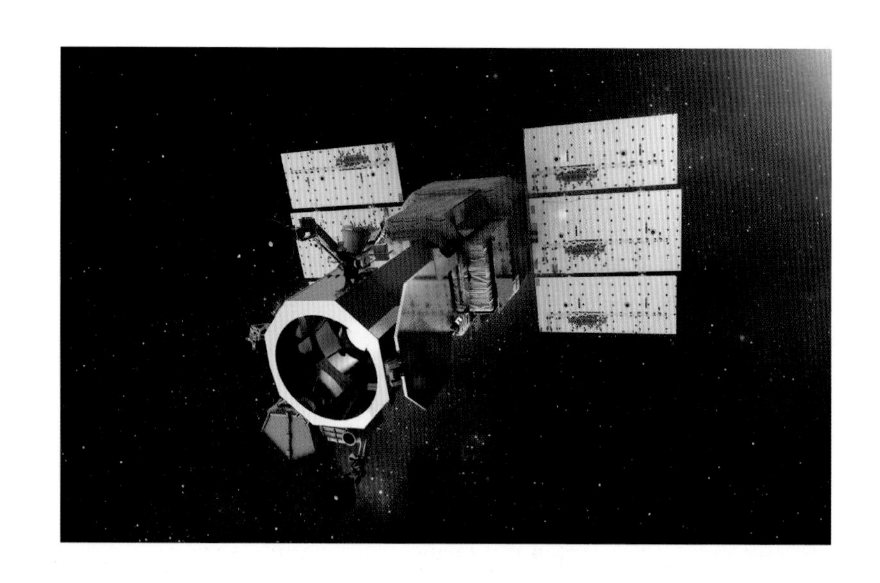

우주에서 지구를 내려다보는 기술

맥사 인공위성

미국 인공위성 기업 맥사 테크놀로지의 인공위성 덕분에 이 책에 대단히 놀라운 사진을 담을 수 있었어요.

맥사 테크놀로지는 지구 표면에서 약 644킬로미터 높이에 인공위성 4개를 띄워 두고 있어요. 위성마다 조금씩 다른 높이에 있지만, 모두 시속 2만 8,163킬로미터 정도의 속도로 북극과 남극을 지나는 궤도를 따라 지구를 돌고 있답니다! 각 위성은 하루에 지구를 약 15바퀴씩 돌며, 한 바퀴 도는 데 약 92분이 걸려요.

위성이 지구 주위를 매우 빠르게 돌기 때문에 원하는 만큼 사진을 또렷하게 찍기 어려워요. 하지만 맥사의 엔지니어들은 이런 점을 염두에 두고 위성 카메라를 설계했지요. 위성 카메라는 길이가 5미터, 폭이 2.4미터로 아주 크며, 렌즈도 폭이 1.2미터나 돼요. 렌즈가 워낙 커서 넓은 지역을 한 번에 촬영할 수 있어요. 예를 들면, 시카고 위를 지나갈 때 사진 한 장에 도시 전체를 담을 수 있답니다! 게다가 644킬로미터 떨어진 거리에서도 농구공을 선명하게 찍을 정도로 카메라 성능이 탁월해요!

맥사의 뛰어난 위성 기술 덕분에 지구를 완전히 새로운 시각에서 보게 되었어요. 매우 감사드립니다.

월드뷰-3 위성

월드뷰-3라는 맥사의 지구 관측 위성이 우주에 떠 있는 모습을 상상해서 그린 그림이에요.

더 깊이 알아보기

〈국내 출간 도서〉

《비닐봉지 하나가: 지구를 살린 감비아 여인들》, 미란다 폴 지음, 길벗어린이, 2016.
책을 읽고 나서 이사투 시세이처럼 우리 동네와 지구를 위해 실천에 옮길 수 있는 방법이 무엇인지 곰곰이 생각해 보세요.

〈어린이를 위한 과학: 폭포〉 scienceforkidsclub.com/waterfalls.html
폭포가 생기는 과정, 폭포의 종류를 알기 쉽게 배우고, 유명한 폭포에 대한 재미있는 정보도 얻어 가세요.

《세상의 모든 나무를 사막에 심는다면》, H. 조셉 홉킨스 지음, 청어람미디어(청어람아이), 2017.
나무를 사랑한 한 여성이 도시의 풍경과 운명까지 바꿔 놓은 실제 이야기를 다룹니다.

〈국내 미출간 도서〉

《눈을 크게 뜨고: 환경 뉴스의 이면을 들여다보다》, 폴 플라이쉬만 지음, Candlewick, 2014.
여러 작가가 환경 문제에 대한 중요한 정보를 나누고, 뉴스 기사를 평가하는 방법을 안내하며, 환경 문제를 해결하는 구체적인 실천 방법을 소개해요.

《단층선: 지진의 힘 제대로 알기》, 요한나 왁스타페 지음, Orca Book Publishers, 2017.
지진과 쓰나미의 힘과 영향력을 생생한 이야기와 실감 나는 사진으로 만나 보세요.

《새로운 바다: 변화하는 바닷속 생명의 운명》, 브린 바너드 지음, Alfred A. Knopf, 2017.
해파리, 범고래, 바다거북, 참치, 산호, 남조류가 어떻게 살아가는지 알아보고, 바다가 오염되고 바닷물이 올라가는 현상이
해양 생물과 우리에게 미치는 영향을 살펴보세요.

《쉬르트세이에서의 삶: 아이슬란드에 새로 생긴 섬 (현장 과학자 시리즈)》, 로리 그리핀 번스 지음, Houghton Mifflin Harcourt, 2017.
아이슬란드 연구팀이 1963년 화산 폭발로 생긴 화산섬의 생태계 변화 과정을 조사하는 현장에 따라가 보세요.

《안녕, 플라스틱!: 태평양의 거대한 쓰레기 지역》, 패트리샤 뉴먼 지음, Millbrook Press/Lerner Publishing, 2014.
바다가 어떻게 수십억 개의 플라스틱 쓰레기로 뒤덮인 것인지 알아보고, 어떤 해결책이 있는지 찾아보세요.

《여기서 저기로: 운송 수단의 역사와 발달 과정(스미소니언의 발명과 영향 시리즈)》, HP. 뉴퀴스트 지음, Viking, 2017.
땅, 물, 하늘에서 사람과 물건을 실어 나르는 다양한 운송 수단이 시간에 따라 어떻게 발전했는지 살펴보세요.

《여기 패턴이 보인다》, 브루스 골드스톤 지음, Henry Holt and Co., 2015.
아름답고 인상적인 사진으로 자연이 빚어 낸 예술 작품을 감상하고 그 속에 숨은 다양한 패턴을 발견할 수 있어요.

《위기에 처한 지구: 지구 온난화 보고서》, 마르페 퍼거슨 델라노 지음, National Geographic Kids, 2009.
온난화가 지구에 미치는 영향과 지구가 처한 위험을 다루고 있어요.

《위대한 원숭이 구조: 황금사자 타마린 구하기》, 샌드라 마클 지음, Millbrook Press/Lerner Publishing, 2015.
전 세계에서 모인 과학자와 자원봉사자가 멸종 위기에 처한 황금사자 타마린을 구하기 위해 힘을 합쳐 나무를 심는다는 흥미진진한 이야기입니다.

《인간의 발자국: 평생 먹고, 쓰고, 입고, 사고, 버리는 모든 것》, 엘렌 커크 지음 National Geographic Kids, 2011.
어린이가 일상에서 사용하는 물건의 종류와 양을 사진과 그림으로 보여 주고, 소비 습관을 돌아보게 해요.

《폭풍의 눈: NASA, 드론, 허리케인의 비밀을 풀기 위한 경쟁 (현장 과학자 시리즈)》, 에이미 체릭스 지음, Houghton Mifflin Harcourt, 2017.
과학자들은 기술을 이용해 허리케인이 어디로 움직일지, 얼마나 강할지 관찰하고 예상 경로에 있는 사람들에게 위험을 미리 알린답니다.

〈교육용 인터랙티브 웹사이트〉 interactivesites.weebly.com/habitats.html
지구의 다양한 서식지를 탐험하는 재미있는 활동으로 가득해요.

〈웹사이트〉

〈어린이를 위한 쉬운 과학: 화산〉 easyscienceforkids.com/all-about-volcanoes
화산의 안과 밖 구조를 살펴보세요. 흥미로운 영상도 많답니다!

〈NASA 기후 어린이〉 climatekids.nasa.gov/power-up
바람과 물이 어떻게 전기를 만들어 내는지 알아보세요. 게임을 하거나 다양한 활동에 참여하고 흥미로운 직업 세계도 탐험해 보세요.
어쩌면 훗날 갖고 싶은 직업이 될지도 모르니까요.

지구를 지켜 주세요

나사(NASA)의 DSCVR 위성이
160만 9,344킬로미터
떨어진 거리에서 촬영한 지구 모습.

아래 웹사이트에서 지구의 건강한 미래를 위해 할 수 있는 일을 알아보세요.

바다를 살리는 10가지 실천 방법

nationalgeographic.com/environment/oceans/take-action/10-things-you-can-do-to-save-the-ocean

하나씩 실천하다 보면 바다를 건강하게 지킬 수 있어요.

발자국 : 자연을 보호하고 생태계를 보전하는 단체

footprintseducation.org/kidz-zone/how-can-i-help.php

지구를 보호하기 위한 작은 목표를 정하고, 가족과 함께 실천해 보세요.
작은 노력이 모여 지구에 큰 변화를 만들어 낸답니다.

아이들이 지구를 지키는 9가지 방법

thebarefootmommy.com/2017/04/earth-day-for-kids/

우리 모두의 터전인 지구를 지키기 위해 가족, 친구, 지역 사회가 할 수 있는 아홉 가지 실천 방법을 소개해요.

지구 수호자 : 지구의 미래를 지키는 활동

earthguardians.org/pof

전 세계 어린이들이 지구의 밝은 미래를 위해 어떤 일을 하고 있는지 살펴보세요. 계절에 따라 참여할 수 있는 다양한 활동도 소개한답니다.

지구의 날 : 세계 최대의 환경 운동

earthday.org

해마다 열리는 행사를 확인하고, 일 년 내내 꾸준히 노력을 이어 가세요!

지구 지킴이

earthrangers.com

회원으로 가입하면 야생 동물에 대해 배우고, 야생 동물의 서식지를 지키는 방법을 실천해 보세요.

찾아보기

감사의 말

먼저, 이 프로젝트와 나를 한없이 응원해 준 가족에게 고마운 마음을 전합니다. 이 아이디어의 가능성을 믿어 주고 아이디어가 실현되도록 이끌어 준 에밀리, 이 책에 풍부한 경험과 활기를 불어넣은 샌드라, 이 책이 세상에 나오기까지 줄곧 함께 작업하며 깊은 신뢰를 보여 준 트리시, 라르손, 니콜, 샘, 펭귄 랜덤하우스의 다른 관계자들께 감사드립니다. 이 가설을 적극 지지하고 함께 다듬고 발전시키는 데 시간과 정성을 아끼지 않은 팀, 내 안에 있는 어린 시절의 순수함과 호기심을 늘 일깨워 주는 팻, 그레이엄, 애덤, 피터, 패트릭, 카티아, 딜런, 끈기 있게 버티며 끝까지 해내도록 격려해 준 미셸, 이 프로젝트가 큰 어려움 없이 꾸준히 이어지도록 팀워크를 발휘해 준 키라와 엘리에게 감사합니다. 맥사 테크놀로지, 니어맵, 나사, 악셀스페이스가 더없이 근사한 기술을 만들어 낸 덕에 완전히 새로운 시각이 활짝 열렸음에 감사합니다. 그리고 이 책을 자녀와 같이 읽어 주신 모든 부모님들께 머리 숙여 감사드립니다. 여러분 덕분에 미래 세대가 발 딛고 살아갈 터전을 더 나은 방향으로 가꾸어 나갈 아이디어를 떠올렸답니다.

뜨거운 열정과 전문 지식을 아낌없이 나누어 준 다음의 분들에게 깊은 감사를 전합니다. 콜로라도주 덴버에 있는 맥사 테크놀로지의 홍보 관리자 터너 브링턴, 캘리포니아주 산타모니카에 있는 솔라리저브의 글로벌 커뮤니케이션 담당 부사장 메리 그리카스, 미시간주 칼라마주에 있는 웨스턴 미시간 대학교의 환경 및 지속 가능성 조교수 다니엘 맥팔레인, 독일 게스트하흐트에 있는 헬름홀츠 센터 해안 연구부 소속 카르스텐 레멘 박사, 나사의 우주 왕복선 프로그램에서 은퇴한 우주비행사 조지 '핑키' 넬슨 박사, 콜로라도주 볼더에 있는 맥사 테크놀로지에서 기업 커뮤니케이션의 디지털 미디어 관리자 섀넌 램, 매사추세츠주 케임브리지에 있는 매사추세츠 공과대학교의 지구, 대기 및 행성 과학부 교수 파올라 말라노트-리졸리 박사, 미국 코네티컷주 밀포드에 있는 NOAA 동북 수산양식 과학 센터의 밀포드 연구소 소속 연구 생태학자 줄리 로즈 박사, 오하이오주 콜럼버스에 있는 오하이오 주립대학교의 지구과학 교수이자 버드 극지 연구 센터의 연구원 로니 톰슨 박사, 호주 울런공 대학교의 지구 및 환경 과학부 교수 콜린 D. 우드로프 박사.

벤저민 그랜트는 《오버뷰Overview》의 저자이자 데일리 오버뷰(Daily Overview) 인스타그램 운영자로, 그의 책과 프로젝트는 인스타그램에서 영감을 받았어요. 벤저민이 2013년부터 하루도 빠지지 않고 올리는 게시물은 전 세계 사람들에게 즐거움을 선사하고 새로운 시각을 열어 주었지요. 벤저민은 예일 대학교에서 역사와 미술사를 공부했으며, 대학의 헤비급 조정 팀에서 활약했어요. 현재 샌프란시스코에 살며 자전거를 즐겨 탄답니다. 인스타그램에서 @dailyoverview 계정을 팔로우하거나 dailyoverview.com에 접속하면 더 많은 정보를 찾아볼 수 있어요.

샌드라 마클은 어린이 논픽션 책을 200권 넘게 썼고, 수상 경력으로 빛나는 작가예요. 예전에는 초등학교 과학 교사였고, 지금은 전국적으로 유명한 과학 교육 컨설턴트로 활동하고 있지요. 샌드라는 CNN과 PBS에서 방영한 과학 특집 프로그램을 직접 기획하고 개발했어요. 또 미국 국립과학재단(NSF)의 후원을 받아 개발한 인터넷 기반 교육 프로그램도 교육 현장에서 널리 사용되며 긍정적인 평가를 받았답니다. 현재 플로리다주 새러소타에서 남편과 살고 있어요.

초등학생이 꼭 알아야 할
우주에서 본 지구

초판 1쇄 2025년 2월 20일

지은이 벤저민 그랜트 외
옮긴이 박은진

펴낸이 김한청
기획편집 원경은 차언조 양선화 양희우 유자영
마케팅 정원식 이진범
디자인 이성아 황보유진
운영 설채린

펴낸곳 도서출판 다른
출판등록 2004년 9월 2일 제2013-000194호
주소 서울시 마포구 동교로 27길 3-10 희경빌딩 4층
전화 02-3143-6478
팩스 02-3143-6479
이메일 khc15968@hanmail.net
블로그 blog.naver.com/darun_pub
인스타그램 @darunpublishers

ISBN 979-11-5633-662-4 73450

다른 인스타그램 뉴스레터 구독

다른 생각이
다른 세상을 만듭니다